행복마을

행복마을

Rainbow Village

무지개를 띄우는

행복마을

박영일 지음

이담 Books

철학자 루소가 '자연으로 돌아가라'고 외친 것은 인간의 본향인 농촌의 삶으로 돌아가라고 말한 것으로 해석할 수 있다. 오늘날 많은 사람들이 전원생활을 동경하고 있고, 도농교류활동이 활발하게 이루어지고 있는 이유도 여기에 있다. 평화롭고 쾌적한 농촌은 물질문명에 내몰린 현대인의 삶에 청량감을 주는 초록공간을 제공하여 오염된 도시민의 생활에 활력소를 주고 있다.

문명이 첨단화되어 갈수록 '농업은 천하의 근본'이라는 '농자천하지대본(農者天下之大本)'의 의미는 더욱 소중함을 더해가고 있는 것 같다. 농업은 생명창고로서, 농촌은 자연과 문화를 담고 있는 요충지 역할을 하고 있다. 동서고금을 통해 생명산업인 농업을 소홀히 하고 부강하게 된 나라는 없다. 특히 녹색성장을 중요시하는 현대사회에서 농촌의 기능은 녹색지대로서 그 가치가 더욱 높아지고 있다.

　　농촌은 마음의 풍요가 넘치는 곳으로 인간다운 삶의 고장이다. 그중에서 농촌생활의 구심점인 '마을'은 인간의 근원적 심성인 자연과 공동체 삶에 대한 애착으로 응집되어 있는 공간이다. 선진국으로 진입하는 국가일수록 자연과 인간의 교감에 대한 공동체 문화를 중시하고 있다. 오늘날 많은 미래학자들은 '마을이 세계를 구한다'라고 설파하고 있다. 앞으로 마을이 행복을 창조하고 삶의 가치를 향상시켜주는 공간으로서 기대되는 이유가 여기에 있다.

　　이제 마을의 가치를 어떻게 높여야 하고 어떻게 효과적으로 경영해야 할 것인가에 대한 깊은 관심과 예리한 통찰력이 어느 때보다도 필요하다. 따라서 필자는 농촌마을의 가치 향상과 마을경영 능력을 높이고 더불어 도시민들이 찾아오는 마을이 될 수 있도록 전략을 개발하고자 이 책자를 발간하게 되었다. 더불어 변화무쌍하게 진화하고 있는 선진 농촌을 소개하고, 물질문명에 내몰린 현대인의 삶에 자연과의 조화를 통해 행복하고 참다운 웰빙(well-being)을 추구할 수 있도록 노력하였다.

　　그간 농촌마을의 현장에서 체득한 경험을 바탕으로 재미나는 이야기와 함께 엮어 보았다. 앞서가는 마을경영기법, 도농교류 추진전략, 농가소득증대방안 등 미래 지향적 마을운영과 행복을 창조하는 삶의 지혜에 실천적 동기를 부여할 수 있도록 다양한 관점에서 접근해 보았다.

이 책의 주된 내용은 그간 '농촌예찬'을 주제로 사이버 공간, 언론 등에 기고한 글로서 새롭게 편집한 것이다. 효과적이고 전략적으로 메시지를 전파하기 위해 이 책은 희망과 아름다움을 상징하는 무지개가 발산하는 일곱 가지 색깔에 따라 전개해 보았다.

먼저, 무지개의 빨간색처럼 열정을 가지라는 것이다. 마을발전을 위한 희망과 비전을 설정하여 프로 근성을 갖고 나아가라는 것이다. 사랑과 커피는 뜨거워야 제 맛이 나듯 삶의 목표도 열정이 있어야 성취된다. 즉 마을발전을 위한 혼(魂)을 쏟아붓자는 열정을 강조하고 있다.

둘째, 주황색으로 관계를 잘 형성하라는 것이다. 자신만의 색을 고집하지 않고 잘 어우러져 새롭게 태어나는 빛을 의미하는 주황색처럼 도시와 농촌 간에 관계의 소중함을 인식하고 실천함으로써 마을발전의 토대가 된다고 설명하고 있다.

셋째, 노란색은 행복의 상징으로서 농촌의 어메니티 자원을 상품화하여 행복을 파는 마을이 되라는 것이다. 인간 행복의 근원은 농촌에 기반을 두고 있다는 것을 강조하고 서정적인 농촌과 인간이 교감을 느끼는 의미를 부여하고 있다.

넷째, 초록색처럼 녹색생활을 주도하라는 것이다. 도시화가 심화될수록 농촌의 삶은 상대적으로 중요성을 나타내고 있다.

녹색공간의 체험가치, 자연공부, 쉼터, 건강밥상 등으로 그린 라이프(green life)의 소중함을 일깨우고 있다.

다섯째, 파란색은 창의력을 발휘하는 색깔로 간주된다. 마을 발전과 농가소득증대를 도모하기 위한 전략적 방안과 창의적 기법을 제시하고 있다. 변화하는 농촌이 되기 위해서는 지혜의 씨앗을 심자는 것이다.

여섯째, '남색은 푸른색에서 나오지만 푸른색보다 더 푸르다' 는 제자가 스승보다 더 뛰어난 '청출어람'의 의미를 갖고 있다. 마을지도자로서 갖추어야 할 덕목과 효과적인 리더십 발휘를 위한 방안을 제시하고 있다.

일곱째, 보라색은 주목할 만한 브랜드를 만들어 장소마케팅 을 전개하라는 것이다. 고객이 몰려드는 장소마케팅의 중요성 이 부각됨에 따라 자연가치와 특산물을 연계해 상품화하는 중 요성을 얘기하고 있다. 특색 있는 마을브랜드를 창조함으로써 끊임없이 고객지향적인 농촌마케팅을 전개하는 길을 제시하고 있다.

이 책을 통해 농촌의 새로운 가치를 창조하여 풍요로운 삶과 행복이 넘쳐나는 마을경영의 길라잡이 역할을 하게 되기를 간 절히 기원하면서 녹색생활의 구현에 등대역할을 해 주는 새로 운 이정표가 되기를 바란다.

필자는 마음속에 언제나 '농심(農心)'이라는 씨앗을 담고 세상을 향하여 '농촌사랑'을 외쳐보자는 생각으로 출발했는데, 한 권의 책으로 엮을 수 있게 되어 마치 아름다운 보석 상자에 초록빛 행복을 담는 기분이다.

　이 책을 발간할 수 있도록 그간 많은 가르침과 지혜를 주신 전국의 농촌마을지도자분들에게 감사를 드린다. 진정한 농촌의 발전이 무엇이냐며 밤을 새워 토론하면서 많은 성찰과 배움의 기회를 가지게 되었다. 그리고 농촌사랑지도자연수원에서 함께 근무한 교직원들께서 많은 도움을 주셔서 진심으로 고마움을 전하고 싶다. 특히 많은 아이디어를 제공해준 농협중앙회 권효정 차장, 이국찬 차장, 한민희 차장, 이삼섭 수석연구원, 고영수 박사, 신성복 교수께도 감사를 드린다. 본 원고를 꼼꼼히 검토해 주신 전북동부권고추(주)의 노정기 대표님께도 감사를 드린다.

　이 책이 세상에 빛을 볼 수 있도록 해주신 한국학술정보(주) 채종준 대표이사님과 김남동 대리님, 편집자분들의 정성과 노고에 감사드린다. 항상 든든하게 많은 기도와 성원으로 내조해 주는 아내와 묵묵히 학업에 충실히 임하고 있는 자랑스러운 아들 성빈, 종빈에게도 고마움을 전한다.

2011년 7월
박영일

PART 03. 봄 햇살 같은 행복에너지 – 행복을 팔아라 –

PART 04. 녹색생활의 청정한 빛 – 녹색생활을 주도하라 –

❯ PART 05. 창의력 무한도전 – 창의력을 키워라 –

❯ PART 06. 새롭게 거듭나기 – 리더십을 길러라 –

PART 07. 보랏빛 소처럼 눈에 띄는 마케팅 – 마케팅 하라 –

식지 않는 열정

– 열정을 가져라 –

PART 01

식지않는 열정
- 열정을 가져라 -

1. 희망은 아름답다

인디언들은 황야를 전 속력으로 질주하다가 갑자기 멈추어 선다고 한다. 자신의 영혼이 따라오는지 살피기 위해서란다. 바쁜 삶 속에서도 자신을 성찰하는 쉼표야말로 삶에 소중한 가치가 되고, 미래로 약진하는 에너지가 될 것이다.

인간의 행복은 '향상심(向上心)'에 있다고 말하기도 한다. 나날이 한 걸음 한 걸음 발전해 나아가는 과정이야말로 행복감을 가져다준다는 것이다. 삶에 유일한 목적은 어쩌면 꿈을 향하여 성장해 나가는 것이라고 볼 수 있다. 그래서 '변화'라는 단어는 늘 '희망'이라는 큰 뜻의 의미 속에 함께 공존해 있어야 된다고 생각해 본다.

속담에 '1년을 넉넉하게 살고 싶으면 벼를 기르고, 평생을 풍요롭게 살고 싶다면 꿈을 기르라'고 했다. 꿈은 아름다운 내일을 약속해 주기 때문이다. 미래에 대한 희망은 그 자체로 힘을 지니고 있다. 희망이야말로 절망을 이겨내는 유일한 대안이며, 실패를 딛고 일어설 수 있게 해주는 최후의 보루가 될 것이다. 필자는 가끔 어려움을 느낄 때마다 '희망'이란 두 글자를 의도적으로 가슴속에서 되뇌어본다. 그러면 마음의 위안이 되고 새로운 힘이 나게 된다. 철학자 스티븐슨은 '희망은 일생의 어느 시기에도 결코 우리를 버리지 않는다'고 했다.

2011년, 새해 정초부터 우리가 살고 있는 마을에도 산뜻한 햇살이 내려앉고 있다. 농사를 짓는 사람들에게 따뜻한 햇볕은 '희망'의 또 다른 모습이다. 얼었던 땅이 볕에 자작자작 녹아 그곳에서 새싹이 움트는 광경만큼 더 가슴 벅찬 희망의 상징이 어디 있으랴. 아직 먼발치 응달에는 잔설이 남아 있지만, 그 역시 순백의 모자이크로 마을을 더욱 매력적으로 보이게 한다. 이렇게 아름다운 마을 풍경을 보고 있노라면, 인류 역사에 '태초에 말씀이 있었다'는 성경 말씀 대신 '태초에 마을이 있었다'는 말에 공감이 간다.

마을은 영험이 서려 있는 한민족 정체성의 본향이고 미래를 약속하는 근거지이다. 맑은 자연과 순박한 인간의 군상이 함께 조화롭게 살아가는 요람이 바로 마을인 것이다. 마을은 사람과 사람 사이 또 사람과 자연 사이에 '고유한' 근원적 관계를 이루며 생활하는 곳이다. 마을에 대한 '고유한'의 의미는 우리의 참된 정신과 문화가 토착화된 곳이라고 해석되어진다. 위대한 철학자 이반 일리치도 「그림자 노동」에서 현대적인 삶에 '토속의 가치'를 강조하며, '고유한'은 옛 숨결을 부활시키는 것이라고 했다.

우리는 조상의 얼이 배어 있는 고유한 마을에서 일터와 삶터가 함께 하고 녹색공간이 받쳐주는 그러한 생활공동체를 만들어가야 한다. 자연을 보호하고 인간성을 회복하는 생태적 마을공동체가 지속가능한 녹색성장시대를 열어갈 것이다. 인간은 '자연과 더불어'가 아니라 '자연의 품에서'살아야 한다. 사람은 자연과 분리될 수 없으며, 자연의 일부라고 생각해야 한다. 자연은 인간을 잉태하는 어머니 같은 모성애를 느끼도록 만든다. 앞으로 농촌은 더욱더 자연과 공존하면서 진정한 벗으로 동고동락을 해야 한다.

자, 이제 후손에게 물려줄 아름다운 마을의 그림을 그려보자. 우리가 바라는 '최고의 마을모습'을 정의해 보자. 억만금의 재산보다 한 줄의 비전이 더 소중할 수 있다. 미래를 예측하는 최선의 방법은 미래를 만들어가는 것이다. 심는 대로 거두는 것이 농사의 법칙이다. 미래는 마음에 얼마나 지혜와 의지의 씨앗을 단단히 심느냐에 따라 결정된다. 각자의 꿈을 이루어가면서 개인들의 꿈이 주민공동의 꿈으로 진화해 나가야 한다. '지역'과 '마을'을 행복의 구심점으로 삼아 진정한 삶의 가치를 전개해 나가보자.

오늘날 '도농교류'라는 큰 트렌드 속에 농촌체험마을을 찾는 방문객이 계속 늘어나고 있다. 도도히 흐르는 농촌체험관광시대를 맞이해 시대적 흐름을 놓치지 말고 철저히 준비를 해 나가자. 세계적 고전으로 많이 읽히는 「손자병법」의 핵심적 가르

침은 '분석하라', '준비하라'이다. 어떠한 어려움이 있더라도 희
망의 끈을 놓지 말자. 준비를 하면 이루게 된다. 무지개는 반드
시 비온 뒤에 나타난다. 희망은 곧 우리의 에너지이고 세상을
밝게 하는 아름다움이 될 것이다.

2. 황국(黃菊)과 백국(白菊)

국화라면 노란 게 귀하다지만,
천연스런 흰 국화도
좋지 않으냐.

빛깔이 다르다고 구별치 마라.
서리에 꿋꿋하긴
모두 같으니.

조선시대 문인이며 의병장인 고경명 님의 시이다. 서리 내리
는 가을에 황국화든 백국화든 피는 꽃이 소중하다는 의미이다.
역사 속의 훌륭한 인물을 국화꽃으로 비유하면 왕의 상징인 귀
한 빛깔로 고귀한 업적을 낸 황국화가 있는가 하면, 흰옷 입고
나라를 지킨 임란(壬亂) 때의 의병들과 독립운동을 한 민초들처
럼 백국화도 있다는 것이다.
　그렇다. 나라가 발전되고 유지되려면 황국화든 백국화든 모
두 중요하다. 그러나 많은 부모들은 자식들을 공부 많이 시켜
사회적으로 의젓한 자리를 차지하는 황국화로 피어나기를 바

란다. 농사를 짓도록 하기 위해서 공부를 시키는 부모는 그리 많지 않다는 얘기다. 설령 농업계학교를 나왔어도 농사짓는 분야의 직업을 갖는 경우는 많지 않다. 농사는 힘이 들고 돈이 되지 않으며 평생 흙과 함께 힘들게 살아야 된다는 고정관념 때문이다. 문제는 이런 고착된 사고방식에 있다.

이제 생각을 바꿔야 한다. 현대 농업은 하이테크 산업으로 변하고 있다. 농업을 1차 산업으로만 여긴다면 그야말로 시대 변화에 둔감한 사람이다. 요즘 농업은 첨단과학으로 접목되면서 '6차+α'를 향해가고 있다. 이는 생산 활동인 1차 산업에 2차(제조·가공), 3차(유통·서비스)산업과 BT(생명공학)와 NT(나노기술), GT(녹색기술) 등의 최첨단 과학기술을 결합한 농업이다. 농업이 차세대 고부가가치 산업으로 변화무쌍하게 성장하고 있다. 선진국일수록 농업을 미래 핵심산업으로 육성하여 글로벌 비즈니스로 경쟁력을 키우는 데 온 힘을 쏟고 있다. 일본은 일본경제를 이끌어갈 핵심산업으로 농업과 관광을 제시하고 있다. 세계 각국은 농업을 미래 부(富)의 원천으로 여기고 무한 진화를 하고 있다.

힘든 농촌생활이지만 묵묵히 생명산업인 농업을 이끌어가는 영농후계자를 비롯한 우리 농업인들은 흰 국화 같은 존재로 노란 국화 못지않은 소중한 역할을 하고 있으며 더욱 아름답고 멋있게 피어갈 수 있다. 농업을 새로운 산업으로 보고 농업생산자 중심에서 소비자중심 농업으로, 노동집약적 농업에서 지식집약형으로, 식량증대 농업에서 고품질 안전농산물로 나아가는 데 앞장서야 한다.

농업에 종사하는 사람들의 명칭도 점점 개인의 역량을 중시하는 것으로 변화되고 있다. 초창기 농부·농민이라는 호칭에서 1990년대부터는 '농업인'으로, 2000년대에 들어와서는 스스럼없이 '사장' 혹은 '경영인'이라고 지칭되고 있다. 이처럼 농업에도 창조적이고 적극적인 기업가 경영마인드를 요구하고 있으며, 남이 볼 수 없는 기회를 만들어 가는 자세가 필요하다.

북극성처럼 홀로 찬란하게 빛나는 황국화 같은 존재도 중요하겠지만, 은하수처럼 밤하늘에 촘촘히 박혀 무수한 다른 별들과 함께 빛나는 백국화 같은 삶도 더욱 소중하다는 것을 다시금 인식해야 한다. 보편적 가치 속에 은은하게 서서히 피는 꽃이 더욱 아름다울 수 있다. '나는 농부다'라고 원초적으로 당당하게 외칠 수 있는 자부심을 갖자. 미래는 '산업자본주의'가 아닌 '생명자본주의' 시대가 될 것이다. 더욱 긍지를 갖고 희망의 봄날을 맞이할 준비를 하자.

3. 변곡점에서의 새로운 도전

2010년 7월 29일, 서울 코엑스에서 '농어촌 재발견, 미래와 약속'이라는 슬로건으로 '2010 농어촌 대표자회의'가 있었다. 농촌마을지도자, 귀촌자, 다문화가정, 1사1촌 참여기업, 학계, 컨설팅업체 등 500여 명의 대표자가 참석하였다.

필자는 이날 행사를 통해 농어촌의 미래는 마음먹기에 따라

'기회의 땅, 희망의 땅'이 된다는 것을 실감하였다. 워낭소리만 울리던 농촌이 미래의 성장산업으로 확실히 비전을 제시해 주는 스토리텔링장이었다.

이날 발표자로 나선 열한 명의 대표자는 각 분야에서 자신의 경험과 성공담을 소개했다. 이제 농·수산업은 단순한 먹을거리를 생산하는 1차 산업이 아니라 생산·가공·서비스가 결합된 복합산업으로 발전하고 있다는 것을 보여주는 산증인들이었다.

이분들의 성공의 요체는 '창의력'과 '도전정신'이라고 말하고 싶다. 예를 들어, 밤나무 하나를 가지고도 단순한 생산에 그치지 않고 맛밤·양갱 등 다양한 가공제품을 생산, 일본 등에 수출도 하고 지역축제 행사 때는 '밤의 가치'를 널리 홍보하기도 한다. 또 어느 마을은 교육과 컨설팅으로 주민의식을 일깨워 체험마을로 출발한지 5년 만에 연간 8만여 명이 넘는 도시민들이 찾아오는 마을로 변모하기도 하였다. 어느 귀농인은 도시에서만 살다 64세에 호미자루를 처음 잡고 백두대간 줄기 해발 1,000m정도에서 무공해 야생블루베리를 재배하여, 영농 6년 만에 연간 10억 원대 매출을 올리고 있었다. 이 농장에는 근년에 귀농희망자들이 하루 수백 명씩 견학을 오기도 한다고 하였다.

지금 우리 농업은 어둠의 긴 터널을 지나가는 역사의 변곡점에서 새로운 전환기를 맞이하고 있다. 과거의 먹을거리 생산을 위한 1차 산업에서 벗어나 웰빙을 추구하는 자연환경, 체험관광, 생명공학, 녹색기술 등 첨단생명산업으로 나아가고 있다.

이런 전환기적 시점에서 확고한 비전 설정을 새롭게 해야 한다. 성공한 사람들은 목표가 확실하다고 한다. 성취심리학자인 브라이언 트레이시는 "누군가가 목표 설정에 대해 완벽히 알고 있다면 그 사람은 대단히 부자이거나 행복하거나 혹은 둘 다일 것이다"라고 했다. 그만큼 비전과 목표는 소중하다는 것이다. 목표가 명확하다면 반드시 '수퍼의식'이 작동한다고 심리학자들은 밝히고 있다. 무엇이든지 생각하면 할수록 커지고 다양한 아이디어가 생성된다는 것이다. 우리는 생각의 질(質)을 바꾸어야 한다. 외부의 변화는 내면의 변화에 의해 일어난다. 우리 마을의 미래는 우리가 생각하는 방식으로 만들어질 것이다.

사회학자인 안토니 캠플로는 95세 이상의 노인 50명을 대상으로 "인생을 다시 살 수 있다면 무엇을 바꾸겠습니까?" 하고 질문했다. 그들은 매우 다양하게 답했지만, 응답이 많은 부문은 "인생을 다시 살게 된다면 좀 더 모험적인 삶을 살겠다"라고 했다. 우리는 변화해야 할 것들이 목전에 있음에도 너무 문제만 의식하여 한 발자국도 못 나가는 경우가 많다. '문제'는 반드시 해결책이 있다. 해보지 않고 그냥 포기하는 것은 너무나 안타까운 일이다. 기회는 오는 것이 아니고 만들어가는 것이다.

안전하고 품질 좋은 농산물과 친환경적인 삶의 가치에 대한 선호도는 날이 갈수록 증대되고 있다. 삶의 진정한 가치와 근원을 농촌에서 찾으려고 한다. 날이 갈수록 행복의 지향점이 농촌으로 많이 모아지는 추세이다.

농업이 산업 발전의 출발점이 되었듯이 자연과 더불어 삶의 질 향상을 추구하는 웰빙생활은 바야흐로 농촌에서 출발되고 있다. 세상이 그만큼 변한 셈이다. 농촌의 공간이 국민들의 삶의 질 향상과 행복의 공간으로 떠오르고 있다. 희망을 갖자. 그리고 도전하자.

4. 선택의 법칙 「10-10-10」

사람은 늘 선택의 갈림길에서 고민한다. 일상의 크고 작은 문제에 대한 결정을 앞두고 망설이게 된다. 대다수의 경우 인생은 우리가 내리는 순간의 결정에 의해 만들어진다. 그러나 모두 너무 바쁘게 살다보니 시간에 쫓겨 본능적인 감각으로 결정을 해버리는 경우가 많다.

미국의 유명 저널리스트인 수지 웰치는 그녀의 저서 『텐-텐-텐(10-10-10)』에서 중요한 의사결정을 할 때는 늘 10분, 10개월, 10년 후를 생각하라고 충고한다. 이는 세 가지 시간대로 구분해서 차근차근 생각해 보면 좋은 결정을 내릴 수 있다는 것이다. 즉 10분 후(바로 지금), 10개월 후(예측 가능한 미래), 10년 후(아주 먼 미래)를 뜻하는 「텐-텐-텐(10-10-10)」에 입각하여 결정하라는 것이다.

그녀의 예를 인용해 보면, 어떤 사람이 그다지 친하게 지내지 않았던 친척 아저씨의 장례식에 가려고 했는데, 아이가 다니는 학원 차가 오지 못한다고 태워다 주기를 요청했다. 10분 후를 생각하니 장례식에 가지 않는 게 낫다. 10개월 후를 생각하니, 이번 장례식이 친척 아저씨에게 작별 인사를 할 수 있는 단 한 번의 기회일 뿐만 아니라 어렸을 때 좋아했던 연로한 친척들을 볼 수 있는 마지막 기회라는 생각이 들었다. 그러면 10년 후에는? 자신이 사람의 도리를 아이들에게 강조하면서 그것을 실천하지 않는다면 아이들로부터 과연 존경을 받을 수 있을까. 이렇게 따지면 결정이 쉬워진다는 것이다.

이처럼 「텐-텐-텐(10-10-10)」에 의한 세 가지 시간대의 미래를 예측하다 보면 '나는 누구인지', '내가 원하는 것이 무엇인지'를 자연스럽게 깨닫게 된다는 것이다. 또 단기-중기-장기적 관점이라는 균형 잡힌 사고를 가능케 하여 사태를 충분히 숙고하는 계기가 된다고 말한다.

마을개발을 위한 의사결정을 하는 데 있어서도 망원경이나 현미경과 같은 두 개의 관점에서 보는 안목이 있어야 할 것이다. 망원경은 밤하늘의 별들을 관측하는 것으로 원시적 관점의 역할을 하는데, 마을 발전에 대해 망원경을 통해 보아야 할 것은 마을의 비전과 목표 등을 포함한 미래의 청사진이 될 것이다. 이는 어두운 밤 망망대해의 등대처럼 마을이 나아갈 방향을 제시해 줄 것이다.

현미경은 가까운 것을 정밀하게 관찰하는 근시적 관점을 제공한다. 마을주민들의 삶 하나하나를 근시적 관점으로 잘 관찰해 보자는 것이다. 마을주민들의 협동정신, 갈등관계와 애로사항 등을 미세한 분야까지 잘 살펴보자는 것이다. 세밀하게 관찰함으로써 그야말로 현실적인 삶의 가치를 진단하고 행복이란 의미를 되새겨 볼 수도 있다.

5. 인고(忍苦)의 '소녀시대'와 농촌

걸그룹 '소녀시대'의 공연을 보면 좋아하지 않을 수 없다. 미끈한 각선미에 친근감을 내세운 파워풀한 댄스는 많은 사람들을 매료시킨다. 거기에 섹시미까지 나타내고 있으니 말이다. 외국에 나가서도 선풍적인 인기를 끌고 있다. 가는 곳마다 열광의 도가니다. 필자도 TV에 소녀시대 공연을 보면 눈과 귀가 모두 즐거워 입이 벌어질 정도다. 가끔씩 마누라한테 구박도 받지만 인간의 본성은 어찌할 수 없는 것 같다.

그럼, '소녀시대' 인기 배경의 힘이 어디에서 나오는가? 한마디로 '철저한 준비'에 있다는 것이다. 완벽한 호흡 실현이 가능한 데는 잔혹할 만큼 힘든 연습 기간 덕분이라고 한다. 그것도 하루 열두 시간 이상, 길게는 7~8년에 달하는 혹독한 노력을 한 결과로 완벽한 공연을 가능하게 했다는 것이다. 그들이 예술의 경지인 아티스트에 이르기까지 오랫동안 인고(忍苦)의 세월 속에 처절한 헝그리 정신으로 부단히 갈고 닦은 노력 덕분이라고 생각한다.

이처럼 인생의 향기는 외로움과 고통 속에 피어나는 것이다. 이 세상에서 가장 향기로운 향수는 발칸 산맥의 장미에서 나온다고 한다. 가장 춥고 어두운 자정에서부터 새벽 두 시 사이에 딴 장미에서 최고급 향수가 생산된다는 것이다. 식물도 혹독한 고통의 순간을 지닌 야성이 있어야만 진정 아름다운 면을 나타낼 수 있다.

필자는 2011년 연초, 구제역이 전국적으로 번져 어려운 한때를 무척 마음 아파한 적이 있었다. 물론 국민 모두가 걱정을 하고 구제역이 빨리 종식되기를 간절히 바랐었다. 구제역이라는 대재앙으로 인해 축산 기반이 붕괴되고, 농업인들의 슬픔과 시름은 이만저만이 아니었다. 자식처럼 키우던 소나 돼지를 땅에 묻어야만 했던 축산농가들의 애절한 심정의 아픔은 이루 말할 수 없었다. 너무나 힘들고 참혹한 현실이 아닐 수 없었다. 당시에 농촌을 마음대로 오갈 수 없는 처지가 되었으니 안타까움이 그지없었다. 그해 설 명절에도 가고 싶은 고향에 못 가고 그냥 객지에서 쓸쓸한 마음으로 보낸 사람들이 많았다고 한다. 급성전염병의 무서움을 실감하지 않을 수 없었다. 앞으로는 이런 사태가 일어나지 않도록 철저한 예방정신을 가져야 된다는 각성도 대단했다.

그래, 어렵고 힘들때는 어둠의 세월이라고 생각해야 한다. 그럴수록 희망의 끈을 놓아서는 안 된다. 한때의 어려운 순간에는 혹독한 시련을 겪고 있다고 각오해야 한다. 힘든 이 고비만 잘 넘기면 찬란한 태양이 떠오르는 희망의 지평선으로 나아간다는 마음을 가져야 한다. 밤이 깊으면 낮은 한층 더 밝아진다는 것이 만고불변의 진리다. 지혜의 왕 솔로몬도 '모든 것은 지나가리라'고 말했다.

우리 농업인은 장구한 역사 속에 고통의 질곡을 견디며 한민족의 맥을 이어왔다. 과거 한국은 6·25전쟁 폐허로 평생 헤어나지 못할 나라라고 지구촌 사람들이 예언을 했었다. 아프리카보다도 못살 정도로 가난이 우리의 삶을 짓눌렀다. 하지만 우리는 보릿고개의 참상 속에서도 죽 한 그릇을 이웃과 나눠 먹어 가면서 모진 풍파를 이겨냈다. 그 밑바닥에는 따뜻한 민족의 혼(魂)인 농심(農心)이 깔려 있었기 때문에 가능했던 것이다. 우리는 농경문화의 자손임을 자랑스럽게 생각해야 한다.

걸그룹 소녀시대가 오랜 세월 피땀 흘려가며 오늘날 화려하게 데뷔했듯이 어려울 때는 긴 어둠의 터널을 뚫고 나아간다는 마음을 가져야 한다. 인간의 후각으로 가장 부러워하는 향수도 가장 고통의 시간을 보낸 식물임을 알았다. 힘들 때는 더욱 마음을 다잡아 고통 가운데 영근 행복이 가장 진한 행복임을 잊지 말자. 머지않아 따뜻한 봄날이 오면 그렇게도 모질게 치를 떨었던 구제역은 진정되어 사라질 것이라고 간절히 바랐었다. 다행히 구제역은 따뜻한 봄날이 되어서야 종식되었다. 이처럼 때로는 오늘 하루가 무척 힘들더라도 희망을 갖고 열심히 살아가야 한다. 인내심은 맑은 미래를 약속해 줄 것이다. 모진 풍파와 싸워 이겨 나가겠다는 굳은 결의가 필요하다. 참고 견디면 언젠가는 진한 인생의 향기와 아름다운 농촌의 모습이 우리를 반갑게 맞이해 줄 것이다.

6. 단순함과 평범함의 진리

첨단 과학문명의 이기 속에 도시인들의 삶은 편리함과 말초신경의 즐거움으로 브레이크 없는 일방통행을 하고 있다. 치열한 생존경쟁에 내몰리고 속도전쟁에 빠져들어 '1초 경영'이란 조급함을 숭배하며 앞뒤 돌아볼 수 없는 순간들을 보내고 있다. 사방을 둘러보아도 회색문화로 숨 한 번 시원하게 들이켤 수 없는 곳이 도시공간이다. 퇴근 길 소주 한잔으로 모든 것을 미화하며 잊으려고 한다. 이웃 간에 희로애락을 함께 느끼는 것은 생각도 못할 일이다. 도시의 삶은 그야말로 복잡함 속에 기계적인 삶으로 반복되고 있다. 인간이 달나라에도 갔다 왔지만 이웃집 식구들을 만나기는 더 힘들어졌다. 삶이 더욱 팍팍해지고 있다. 그래도 도시는 늘 붐비고 있다. 마치 희망이 넘쳐나고 삶의 선택기회를 무한히 주는 곳이라 착각하게 만들고 있다.

필자는 1916년에 출간되어 평범하고 단순한 내용임에도 100년 가까이 세계적인 사랑을 받고 있는 미국의 로버트 R. 업디그래프가 쓴 『평범한 아담스』에서 깊은 감명을 받았다. 줄거리의 핵심은 '진리는 매우 단순하고 평범한 것'이라고 말하고 있다. 언제나 곱씹어 볼 만한 구절로, 주요 메시지는 이렇다.

첫째, 문제는 해결하고 보면 매우 단순한데, 사람들은 스스로 복잡함 속에 빠져든다는 것이다. 과학과 예술, 또는 비즈니스 발전의 역사는 어렵고 복잡한 문제에 대해 단순한 해결책을 발견해낸 사람들의 역사라고 한다.

둘째, '인간의 본성에 반하지 않는가?'이다. 인간의 평범한 본성이야말로 어떠한 계획이나 해결책에 있어서도 성패의 열쇠를 쥐고 있다는 것이다.

셋째, '기회는 무르익었는가?'이다. 시기가 적절한가를 생각하는 것은 아이디어나 기획 그 자체만큼이나 중요하다고 한다.

이런 단순하고 평범한 진리를 오늘날 떠오르는 농촌가치에 연결하고 적용해 보면 상당한 의미를 되새길 수 있을 것 같다. 삶은 행복하게 살자는 것에 목적을 두고 있다. 행복은 살아온 날들에 있어 즐거움과 의미의 총합이라고 한다. 그래서 인생은 무엇이라도 결과보다는 과정이 더 소중하며 인간 본성의 상식적 가치에 의미를 두어야 한다.

『평범한 아담스』의 논리를 농촌가치에 적용해 보면, 우선 농촌은 노력한 만큼 대가를 받는 곳이다. 기교나 잔재주가 필요 없는 곳이다. 그야말로 팥 심은 데 팥 나고 콩 심은 데 콩 난다. 뿌린 대로 거두고 땀 흘린 만큼 대가를 받는다. 열심히 일하는 사람이 돈을 벌게 되어 있다. 정당한 노력의 대가이다. 자연은 절대로 사람을 속이지 않으며, 우리가 신뢰하고 감사할 때 기쁨을 느끼게 해준다. 농작물은 주인 발자국 소리를 듣고 자란다는 것이 빈말이 아니다.

또한 농촌의 삶은 인간의 본성에 반하지 않는다. 농사 그 자체가 자연친화적이다. 자연은 늘 인간과 교감을 하며 서로 공존한다. 자연의 섭리 속에 인간이 살아가고 있는 셈이다. 자연은 인위적으로 조작하고 질서를 파괴하는 것을 싫어한다. 농촌의 삶은 자연의 이치와 그 궤를 같이하고 있다. 그래서 마음을 늘 평화스럽게 만든다.

그리고 산업화가 진행될수록 농촌의 가치가 더욱 새롭게 부각되고 있다. 무엇이든 일방통행은 자연스럽지 못하다. 음양의 조화는 만고불변의 진리다. 땅이 있으면 하늘이 있어야 하고 산이 있으면 바다가 있어야 한다. 낮이 있으면 밤이 있어야 하고 남자가 있으면 여자가 있어야 한다. 마찬가지로 도시가 있으면 농촌이 있어야 한다. 그동안 산업화로 도시로, 도시로 사람이 몰리다보니까 삶의 균형을 잃게 되어 이제야 농촌의 소중함을 느끼고 있다. 그래서 전원생활 희망자가 늘고 있고 농촌관광이 뜨고 있다. 도시에 사는 돈 많은 사람들이 세컨 하우스(Second house, 농촌에 별도의 전원주택)를 보유하는 것도 또 하나의 웰빙적인 삶을 위한 방안이 되고 있다. 자녀들에게 호기심을 배양하기 위해 농촌체험학습이 인기를 끌고 있다. 전통문화는 더욱 그 가치를 발휘하고 있다. 삶의 만족도를 지향하는 데 농촌은 더욱 소중한 존재가 되고 있다.

하지만 문제는 지금부터다. 단순하고 평범한 진리가 농촌에 있다고 그냥 되는 것이 아니다. 우리 마을을 지상의 낙원으로 만들려는 공동체의 꿈을 가져야 한다. 꿈은 마을공동체가 잘 살 수 있는 희망의 에너지를 불어 넣어준다. 떠오르는 농촌의 가치에 기회를 잡아야 한다. 기회도 때가 있다. 한번 놓치면 그냥 몇 년은 후딱 지나가게 된다.

앞서가는 선진마을에 대한 자료를 모아 철저히 분석해 보자. '저들은 왜 잘하고 있을까?'를 연구해야 한다. 많은 고민을 하다 보면 진리는 결국 단순하고 평범한 것이다. 좋은 방안이라고 생각하면 과감하게 실천하자. 행복은 지금 여기에! 그리고 우리가 할 수 있는 것들이다.

7. 농촌다움이 블루오션

건강하게 살고 삶의 질을 고양시키기 위해 전원생활에 대한 관심이 높아져가고 있다. 자연 속의 생활뿐 아니라 여가의 다양성, 감성체험에 대한 욕구로 농촌을 찾는 도시민들이 계속 증가하고 있다.

농촌의 풍경, 농사일, 공동체 삶의 문화, 훈훈한 인심은 도시민들에게 매력을 주는 중요한 가치로 떠오르고 있다. 앞으로 도시민들을 맞이할 준비된 마을이 된다면 농외소득은 더욱 증가할 것이다. 이제 농업의 다원적 가치가 새로운 블루오션의 장(場)으로 떠오름에 따라 이것을 어떻게 마을개발과 연계하는가가 중요한 관건이 될 것이다.

앨빈 토플러는 『부(富)의 미래』에서 앞으로 유전자가 많은 농산물 원자재를 활용하는 바이오경제체제에서는 농업분야가 석유분야보다 더 중요성을 가질 것이라고 전망했다. 그 예로 석유가 많이 나는 사우디아라비아보다 생물 종의 다양성이 풍부한 에콰도르와의 관계가 보다 더 중요해질 것이라며 농업의 소중함을 강조하고 있다.

또 그는 부(富)의 창출 키워드로 '시간', '공간', '지식'을 말하고 있다. 이것을 마을자원 가치를 상품화시켜 나가는 데 응용해 본다면, 웰빙시대 여가문화 변화에 따른 발 빠른 대응과 준비(시간), 마을 공동체라는 장소의 가치활용(공간), 전통문화와 농작물을 비롯한 자연의 이치·성장과정 등에 대한 학습거리 제공(지식)을 어떻게 수요자 중심의 가치로 창조하고 융합해 나가느냐가 '마을의 부(富)'를 결정하는 중요한 요인이 될 것이다. 미래의 돈벌이는 우리 농촌에서도 생각하기 나름에 따라 얼마든지 다양한 방법으로 전개해 나갈 수 있다.

마을의 부를 창출하기 위해서는 도농교류를 통한 농촌체험을 새로운 소득원으로 상품화시키는 데는 먼저 '농촌다움'이라는 기본에 충실해야 한다. 깨끗한 자연환경과 농촌만이 가질수 있는 순수한 가치를 잃지 않아야 한다. 그리고 연중 체험할 거리를 만들어 나가야 한다. 농사, 전통문화체험, 먹을거리, 볼거리 등 오감을 자극하는 감성적 소비체험거리를 만들어가는 것이 중요하다. 또 훈훈한 농촌 인심을 바탕으로 한 친절한 손님맞이가 이루어져야 한다. 농촌관광은 농촌가치에 서비스 정신을 접목하는 것이 그 요체라고 볼 수 있다.

그리고 마을개발은 점진적으로 접근해야 한다. 너무 서두르다 보면 큰 시행착오로 돌이킬수 없는 우(愚)를 범할수 있다. 대규모 수익위주의 개발보다는 자연환경보전을 우선시하는 소규모 시설 또는 활동 중심으로 전개해야 한다. 관광체험코스도 지역 명승지와 연계해 보는 것도 효율적인 전략이 될 수 있다. 방문객들은 마을과 지역문화를 함께 느껴보는 일석이조의 체험효과를 가지게 될 것이다.

시대적 가치로 떠오르는 농업의 다원적 기능을 고부가가치 상품으로 창조하는 데 지혜를 모아보자. 다양하고 아기자기한 색깔이 있는 창조적 마을로 만들어가자. 미래는 하나가 아니라 여러 개 있다는 사실을 알아두자. 변화와 차별화만이 그 답이 될 것이다.

8. 예리한 판단과 질주

아프리카 속담에 '사자는 걸음이 빠른 가젤보다 빨리 달리지 못하면 굶어 죽을 거라 생각하면서 잠들고, 가젤은 사자보다 빨리 달리지 않으면 사자의 밥이 되고 말 것을 걱정하면서 잠이 든다. 사자나 가젤은 모두 알고 있다. 아침이 되어 태양이 떠오르면 무조건 달려야 한다는 사실을……'이라는 말이 있다.

이 이야기는 극도로 살벌한 경쟁사회를 사자와 가젤을 통해 비유하고 있다. 누구나 생존하기 위해서는 끊임없이 질주해야 한다. 2010년 한 해는, 경인년(庚寅年)을 맞이하여 '호랑이' 이미지가 많이 부각되었다. 호랑이처럼 예리한 눈으로 현실을 뚫어 보고 신속하고도 용맹스러운 태도를 가지라는 덕담이 많이 회자되기도 했다. 지식을 습득함에 있어서도 호랑이에 빗대어 '타이거 시 러닝(Tiger See Learning)'이라는 독서법이 있다. 글을 읽지(to read) 말고, 글을 보라(to see)는 뜻이다. 산에서 나무를 한 그루씩 보지 말고 숲을 보라는 의미이다.

삶의 형태가 복잡다단해질수록 호랑이처럼 예리한 눈으로 시대적 트렌드를 고찰해야 한다. 분명한 것은 농촌의 가치가 떠오르고 있는데, 거기에 핵심키워드는 '마을'이라는 공간이라는 것이다. 「트렌드 코리아 2010」에서는 '앞으로 내가 사는 마을에 대한 자부심과 정체성이 강화될 것이며, 자신의 주거문화에서 생활가치를 느끼게 될 것'이라고 전망했다. 이는 자기 자신을 사랑하고 당당해지고 싶은 욕망이 곧 삶의 공간으로 연결되는 심리적 배경을 갖고 있기 때문이라는 것이다.

마을개발과 관련하여 인상 깊었던 두 곳의 이야기를 전해 드린다.

한 이야기는, 2009년 12월 초겨울 어느날 강원도 철원 김화읍의 초청으로 '민들레마을 개발전략'을 주제로 강의를 다녀온 적이 있었다. 이 마을은 철책선 부근의 180여 농가로 비교적 큰 마을로 최전방에 위치한 조용한 마을이다. 그런데 요즘 녹색의 바람을 타고 맑고 깨끗한 자연환경에 힘입어 도시민들이 쉬엄쉬엄 찾아오는 곳이다. 좋은 환경은 언제나 인간에게 매력의 대상이 되고 있다.

콩농사를 주로 많이 짓고 있는데 두부 맛이 일품이라 방문객들의 칭찬이 자자한 곳이다. 이곳에서 생산되는 토마토, 오이, 파프리카는 주로 일본으로 수출되고 있다. 비무장지대에서 흘러내리는 맑은 물과 기름진 땅에서 생산한 농산물의 가치를 일본인들이 알기 때문이다. 이곳에서 키운 철원 오대 쌀은 브랜드 인지도가 높아 다른 지역의 쌀보다 비싸게 팔리고 있다.

이날 주민들과 많은 대화도 나누었다. 빼어난 청정지역의 자연환경을 바탕으로 마을의 정체성을 찾아 활발한 도농교류 마을로 만들어 보자는 주민들의 의욕을 읽을 수 있었다. 그동안 마을개발에 대해 김화읍 공무원의 헌신적인 도움이 있었음을 알게 되면서 뜻만 있으면 전후방을 불문하고 마을개발은 가능하다는 것을 느꼈다.

또 하나의 이야기는 2009년 말 흰 눈이 펄펄 내리는 크리스마스 전날, 전남 장성 축령산지구 편백권역(아홉 개 마을로 구성)

의 농촌종합개발사업 추진위원회 위원장으로부터 "부원장님! 좋은 소식 전하겠습니다"라는 한 통의 전화를 받았다. 숙원사업이었던 농촌종합개발사업 대상지역으로 선정되어 국비 약 37억 원을 지원받게 되었다는 얘기다. 앞으로 축령산의 울창한 편백나무 숲을 중심으로 피톤치드 특성화 마을로 개발·조성된다는 것이다. 참 반가운 소식이었다.

이곳의 마을지도자들은 교육의 중요성을 인식하고 농촌사랑지도자연수원에서 마을지도자 교육을 이수하였으며, 필자가 예전에 마을주민들을 대상으로 현장교육까지 한 곳이다. 그동안 뭔가 해 보자는 마을지도자들의 굳은 의지와 주민들의 단합된 힘으로 이루어낸 쾌거였다. 자연적인 촌락마을에서 경쟁력 있는 지역특성화 마을로 탈바꿈하게 되었다. 이제 마을이란 공간의 가치는 생산과 체험을 넘어서 건강을 위한 치유의 공간으로 변모하고 있음을 말해 주고 있다.

앞으로 '농촌'이라는 키워드가 사회적 생활문화의 중심으로 진입하기 위해서는 '마을'이라는 공간의 가치를 어떻게 채워 나가느냐가 관건이다. 변화의 시대를 맞아 지역주민들의 새로운 인식을 바탕으로 마을의 특성을 브랜드화, 디자인화해 가야 한다. 호랑이 특성처럼 환경변화를 탐색하여 목적지를 설정, 질주해 가는 마을공동체로 만들어가야 한다. 속담에 '일찍 일어나는 새가 벌레를 잡는다'고 했듯이 빨리 서두르는 자에게 기회가 주어질 것이다.

9. 비전이 있는 곳에는 고독이 있다

삶을 살아가면서 가끔씩 '나는 왜 사는가?', '나는 누구인가?', '누구를 위해 일을 하는가?' 등을 생각하게 된다. 확실한 답도 없는 질문이지만 자신을 돌아보는 계기가 된다. 여기에서 인생관, 사업관, 국가관이 형성될 수 있다. 자신의 존재와 가치에 대한 새로운 인식으로 삶의 방향과 목표의식이 탄생될 수 있다. 그게 삶의 철학이고 이념인데, 이를 바탕으로 미래 발전과 행복을 위해서 비전을 설정하고 구체적 실천 방법을 찾게 된다.

오늘날 훌륭한 마을지도자들의 이야기를 들어 보면 한결같이 아내를 설득하는 데 가장 애를 먹는다고 한다. "집안일도 바쁜데 왜 굳이 당신이 나서서 그 일을 해야 하느냐?", "왜 골치 아픈 것을 사서 하느냐?" 등의 질책이다. 그냥 착실하게 집안일만 챙기고 농사만 잘 지으면 남에게 욕먹을 일도 없고, 아내에게 구박받을 일도 없을 것이다. 바로 개인 중심적인 편안한 삶이라고 볼 수 있다. 하지만 멀리 보면 우리 모두 힘을 합쳐 해야 할 일이 많다. 인간은 역사적으로 공동체를 형성해 왔다. 공동체는 인간의 안위와 행복을 추구할 수 있는 울타리 역할을 하기 때문이다. 공동체 발전이 곧 나의 발전이라는 인식이다. 그래서 공동체를 위한 사명감이 탄생되는 것이다.

시대에 앞서가는 비전 추구는 본질적으로 고독을 불러들인다고 한다. 음양의 원리에 의해 빛이 있는 곳에는 그림자가 있다. 낮이 있으면 밤이 있다. 눈부신 하늘 밑에는 땅과 바다가 바탕을 이루고 있다. 우리의 인생도 시련과 고통, 통찰과 사색의 뿌리에서 출발해 행동으로 꽃을 피우고 열매를 맺게 된다.

공동체 발전을 위한 비전을 추구하기 위해서는 개인적 삶의 철학에 목표의식과 방향감각을 가져 하나의 이념을 가져야 한다. 굳건한 이념으로 비전 설정을 하고 구체적 행동을 실천해 나가도록 해야 한다.

조선시대, 계속적인 가뭄과 흉년으로 민생이 도탄에 빠져 있는 모습을 목격한 세종대왕은 '백성을 잘 살게 하는 일이 치국(治國)의 근본'이라고 생각했다. 백성이 농사를 잘 짓도록 도와주기 위해 측우기를 직접 고안했고, 지역별로 농사를 잘 짓는 방법을 정리한 『농사직설(農事直設)』을 펴내게 하였다. 하지만 한문으로 되어 있는 『농사직설』을 농민이 직접 읽을 수 없으므로 한글창제의 뜻을 굳힌 것이다.

그러나 한글창제는 당시 궁중의 신하 거의 모두가 반대해 왔다. 한문과 중화문물을 숭상하고 있던 전국의 유생들도 상소를 올려 반대해 왔다. 세종대왕은 사면초가의 위치에 있었다. 하지만 오로지 백성을 위한다는 마음으로 굳게 결심하고 결국 최만리 같은 청백리로 이름난 학자를 옥에 가두고 한글을 반포하는 지경에까지 이르렀다.

세계적 기업인 삼성전자의 탄생도 마찬가지다. 1983년 9월 12일 경기도 기흥에서 반도체공장 준공식날, 그날을 삼성그룹의 임직원들은 '암울한 날'로 기억하고 있다고 한다. 선진국과 10년 이상 기술격차가 나는 반도체 첨단기술에 삼성이 도전하는 것은 무리라고 생각했던 것이다. 또 반도체 기술의 짧은 라이프사이클로 인해 2~3년만 되면 이미 그 제품과 시설은 구식이 되어 도저히 미국, 일본 등과 경쟁할 수 없다는 것이 그들의 생각이었다는 것이다. 하지만 삼성그룹의 선대 이병철 회장의 고독한 결단으로 과감하게 추진했던 것이다. 지도자의 확고한 비전 설정을 실천으로 옮겨 오늘날 세계적 기업으로 탄생되도록 만든 것이다.

마을공동체 발전을 위해서 지도자는 고독한 결단이 필요하다. 생각의 깊이를 한없이 하다 보면 새로운 지혜를 얻게 된다. 그게 마을이 나아갈 이정표가 될 수 있다. 내일을 바꾸기는 어렵지만, 10년 후를 바꾸는 것은 아주 쉬운 일이 될 수도 있다. 미래 지향적 등대 역할을 하는 비전 아래 실천하는 행동은 서서히 변화를 일으키게 된다.

마을주민들이 함께할 공감의 메시지를 만들어 보자. 그게 미래로 나아가는 비전인 것이다. 인류 역사의 발전도 거슬러 올라가 보면 궁극에 가서는 어떤 선구자들의 확고한 인생철학과 희생적 공헌으로 만나게 된다. 결국 고독한 결단으로 태어난 훌륭한 리더십은 공동체의 발전으로 구성원들의 공감을 창조한다. 지도자에게 요청되는 자질은 고독을 극복할 수 있는 능력이다. 비전을 만들고, 그리고 나아가자.

10. 높이 나는 새가 멀리 본다

고대 그리스의 철학자인 아리스토텔레스는 "만일 누군가 자기 자신에게만 관심이 있다면 그는 매우 작은 사람이다. 만일 그가 자신의 가정에 관심을 가지고 있다면 그는 큰 사람이며, 지역사회에도 관심을 가지고 있다면 더 큰 사람이다"라는 말을 남겼다.

이처럼 지역사회 발전에 관심을 갖고 일을 추진해 나가는 사람을 아주 훌륭한 사람으로 간주했던 것이다. 마을개발사업도 지역사회 발전을 위한 것이다. 하지만 공동체에서 추진하는 일은 항상 어려움이 존재한다. 이해관계가 얽혀 있고 갈등의 소지도 많다. 이익이 피부에 크게 와 닿지도 않는다.

그런데 지역을 위하고 나라를 위해서는 누군가가 나서야 한다. 공동체의 성공은 희생과 봉사가 바탕이 되지 않고서는 이루어질 수 없다. 그래서 지역사회를 위해서 일하는 사람을 큰 일꾼, 큰 사람이라고 칭송하는 이유이다.

농촌체험관광이 증가되는 추세에 있어 마을마다 농촌의 가치를 마을공동사업으로 연계시킬 비전과 목표를 정해야 한다. 위대한 성공은 비전으로부터 시작된다. 비전은 '미래에 대한 그림'이다. 할 수 있다는 자신감이 무엇보다 중요하다. 그 자신감이 성공으로 이끄는 원동력이 된다. 목표가 설정되어 있다면 시대환경변화에 따른 수정도 필요하고, 그 수정보완작업은 일정한 주기로 이루어져야 한다.

농가소득증대를 위해 도시민을 맞이하기 위한 청사진을 만들어 보자. 중장기적 관점에서 미래에 대한 큰 그림을 그려 놓고 연도별 추진할 목표를 세워 보자. 실천은 힘들고 어렵지만 미래에 대한 희망을 가지고 과감히 도전해야 한다. 애초에 품었던 꿈과 이상, 그리고 우리가 원하는 것을 이루기 위해서는 매일매일을 아낌없는 열정으로 함께해야 한다. 오늘날 앞서 가고 있는 농촌체험마을들은 땀과 눈물로 달려온 긴 여정의 산물이다.

충남 홍성에 있는 문당리마을은 마을의 생활환경과 미래에 예상되는 흐름을 관찰하여 '21세기 문당리 발전 100년 계획'을 수립하여 추진하고 있다. 앞으로 마을 공동체가 나아갈 100년 계획에 마을주민들의 꿈을 모두 담았다고 한다. 이 마을은 일본의 한 마을에서 마을 100년 계획을 세우는 것을 벤치마킹하였다고 한다. 일본의 그 마을은 처음 각 분야에 대해 6개월 동안 조사를 하고, 그 다음에는 주민, 시민단체, 학자들이 모여 또 6개월 동안 논의해서 100년 계획을 세웠다는 것이다. 일본을 견학한 후 "우리 마을도 못 할 것이 없다는 생각에서 「문당리마을 100년 계획」을 세웠다"고 마을지도자는 말하고 있다.

계획을 세울 때는 마을의 특성을 최대한 반영해야 한다. 다른 마을과 똑같이 할 필요는 없다. 마을마다 각기 특색 있는 방향으로 나아가야 한다. 체험 한 가지를 보더라도 똑같이 떡 메치기하고 물감 들이기만 해서는 안 된다. 각기 마을마다 특성을 찾아 나서야 한다. 한 방향으로 달리면 1등이 한 명이지만 360도의 각기 다른 방향으로 달리면 360명 모두 1등을 할 수 있

다. 현대 경영학의 아버지 피터 드러커는 '네가 잘할 수 있는 것
을 하라. 그러면 자신도 발전하고 세상도 발전한다'고 하였다.

마을주민들에게 확실한 비전과 목표를 제시해 주면 더욱 설
득력이 있다. 명확한 비전이 있으면 마을주민들도 스스로 동참
하게 되어 있다. 무덤덤한 자세를 취하게 되면 몇 년간의 세월
이 후딱 지나간다. 시작이 중요하다. 시간처럼 정직하고, 시간
처럼 큰 힘을 가진 것은 없다. 확실한 비전을 던져 놓고 구체적
인 실천전략은 주민들과 함께 차근차근히 추진해 나가면 된다.

위대한 인물에게는 목표가 있고, 평범한 사람들에게는 소망
이 있을 뿐이라고 했다. '목표'는 성취하려는 의욕과 행동이 따
르는데, '소망'은 그저 마음속으로 바람뿐이라는 의미다. 확고
한 비전을 설정하여 일사분란하게 실천해 나가자.

'높이 나는 새가 멀리 본다'는 말처럼 미래는 언제나 넓은 시
야와 희망을 가지고 준비하며 노력하는 자의 몫이다.

11. 창조적 경영마인드

2007년 11월, 마을의 아름다움 때문에 많은 외지인들이 와서
민박을 하는 스위스 융프라우 산자락의 한 농촌마을에서 묵은
적이 있었다. 30여 농가가 소를 방목하여 비육우를 생산하고
낙농업을 함께하는 작은 마을이었다. 소들이 초원에서 풀을 뜯
고 있고, 호숫가에는 백조들이 거닐고 있는 모습을 보면 한가
로움이 넘쳐나는 아주 평화스런 한 폭의 풍경화 같은 곳이었다.

그런데 연세 지긋한 마을촌장은 "우리 마을은 겉보기에는 소들이 풀을 뜯고 백조들이 노니는 한가롭게 보이는 마을이지만 주민들은 프로경영마인드로 무장되어 있어 아주 바쁘게 움직이고 있어요…"라고 했다. 마치 호숫가의 백조들이 겉보기에는 여유롭고 아름다워 보이지만 수면 아래 있는 백조들의 물갈퀴는 잠시도 쉴 틈이 없는 것과 같이 이곳의 마을경영은 톱니바퀴처럼 체계적으로 운영되고 있다고 하였다.

자연의 신선함과 농촌마을의 이미지가 주는 목가적인 풍경에 안주하지 않고, 마을주민들이 어떻게 하면 마을을 방문하는 고객 중심으로 다가갈 것인가에 대해 늘 고민하고 행동하기 때문이라는 것이다. 그야말로 고객맞이 서비스정신이 철두철미한 마을이었다.

이 마을주민들은 수시로 전문강사를 초빙하여 마을경영전략, 브랜드관리 등의 강의를 듣고 마을경영의식을 높인다고 한다. 마을운영도 총괄운영팀, 환경관리팀, 농산물판매팀, 향토음식개발팀, 체험지도팀, 마을홍보팀 등 체계적으로 조직을 구성하여 운영하고 있다. 마을에서 방목하고 있는 비육우는 브랜드관리를 철저히 함으로써 유럽시장에서 비싸게 팔리고 있다고 한다.

이제, 농업에 대하는 새로운 가치관이 세계적으로 형성됨에 따라 우리의 농촌도 창조적 경영의 발상으로 끊임없이 과감하게 변화를 시도해야 한다. 우리 민족역사상 가장 찬란한 역사를 연 세종대왕은 "백성은 나라의 근본이며, 밥은 백성의 하늘이며, 농사는 정치의 근본"이라고 하였다. 농업을 어느 다른 산

업보다도 중요시하여 '농자천하지대본(農者天下之大本)'이라고
했다. 농업은 생명산업이고 환경보전산업이며 인류가 생존하는
한 지속적으로 이어가야 하는 근본적인 산업으로 이미 우리 조
상들은 간파하고 있었던 것이다. 하지만 보다 중요한 것은 시대
적 환경변화에 따른 농업의 새로운 가치향상을 위해 새롭게 도
전을 해야 한다. 마치 축구시합처럼 승리를 위해서는 수비도 잘
해야 하지만 무엇보다 공격을 해서 점수를 얻어야 된다.

지속적으로 농업을 발전시키고 농촌관광이 다른 휴양·여가
산업에 비해 경쟁력을 가지려면 마을의 자연환경에 기업가적
정신인 '경영마인드'를 접목해야 한다. 경영마인드는 사업이나
조직단위를 운영해 나가는 데 있어서 전략적, 효율적 그리고
생산적 태도로 접근하는 강화된 시스템적 경영사고이다. '경영
(Management)'이란 단어를 영어의 의미로 분해해 보면, 'Man(사
람)+Age(나이)+Ment(관리)'의 세 가지 단어가 결합된 용어이다.
이는 사람이 나이를 먹어가면서 이해하고 습득하게 되는 조직
운영에 관한 지혜라는 의미를 갖고 있다. 자연의 가치에 인위
적 요소인 경영논리를 접목하면 더욱 큰 상승가치로 이어질 수
있다는 것이다.
오늘날 경영의 개념은 너무나 광범위하게 널리 확산되고 있
다. 국가와 기업으로부터 출발해서 가정생활까지도 경영개념이
도입되고 있다. 심지어 친구와 애인까지도 경영을 해야 하는 시
대가 되었다. 국가의 흥망성쇠도 어떤 경영마인드를 갖고 있느
냐에 따라 달라질 수 있다. 아무리 천연자원이 풍부한 나라도

경영개념이 없다면 가난의 대물림에서 벗어날 수 없다. 경영마인드는 숨어 있는 자원을 돈으로 바꿔가는 창조적 도구이다.

이제 여느 평범한 마을일지라도 창조적 경영마인드를 접목함으로써 훌륭한 농촌관광마을로 성장해갈 수 있다는 자신감을 가져 보자. 투철한 경영의식으로 훈련된 농촌주민이 많을수록 도농교류의 질과 양의 수준이 더 한층 높아질 수 있을 것이다.

12. 불광불급(不狂不及)

2009년 가을, 일본 동경 아오바농협 임직원 30여 명이 농촌사랑지도자연수원을 방문하였다. 도농교류 활성화를 위해 인재육성을 하고 있는 연수원의 현황과 시설을 둘러보기 위해서다. 세계적으로도 유일한 농촌사랑지도자연수원은 이제 해외에까지 명성이 알려져 벤치마킹의 대상이 되고 있다.

필자는 그들에게 시대적 가치로 떠오르고 있는 도농교류의 중요성과 성공적인 사례에 대한 특강을 실시하였다. 그리고 연수원 역할과 사명감에 대한 얘기도 들려주었다. 교육생이 연수원에 입교하면 교직원들은 온 몸을 던져서 헌신하겠다는 각오를 가진다고 했다. 그래야만 교육생이 감동을 하게 되고 뭔가 얻어가는 것이 있다고 느끼게 된다는 것이다. 그야말로 우리 교직원들이 사명감에 불타오르고 미치지 않으면 교육생의 가슴에 못 미친다는 것이다. 사실 농업인들과 숙식을 함께하는 2박3일 동안 마을지도자 기본교육을 하고 나면 온 몸이 파김치가 될 정도의 피로감이 다가 오기도 한다.

그들과 담소를 나누면서 근년에 화제작으로 떠오르고 있는 일본 농민이 쓴 「기적의 사과」에 대한 얘기가 오갔다. 농약·비료도 쓰지 않고 세계 최초로 썩지 않는 사과를 생산해 세상을 뒤흔든 감동 휴먼 스토리다. 꿋꿋한 인내와 온갖 열정으로 최고의 사과 재배에 성공한 기무라 아키노리 씨에 관한 얘기다.

호기심 많은 그는 『자연농법』이란 책을 읽고 아무도 시도해본 적이 없는 무농약 사과재배를 시도하게 되었다. 하지만 몇 년 동안의 혹독한 실패로 인해 가진 것은 빚밖에 없어 파산자라는 별명만 얻을 뿐이었다. 결국 삶을 포기하고 죽으려고 올라간 산속 숲에서 탐스럽게 열려 있는 도토리나무를 보고 자연의 진리를 발견하게 되었다. 즉 나무의 생명력은 흙과 뿌리에서 나온다는 것을 깨닫고, 흙의 중요성을 인식하게 되었던 것이다.

기무라 아키노 씨는 9년간의 시련을 극복하고 기적의 사과를 탄생시켜 이제 세계인의 찬사를 받고 있다. 온라인으로 사과판매를 시작하자마자 3분 만에 품절되는 사과로 소문이 나 있고, 그 사과로 만든 수프를 먹으려면 1년을 기다려야 한다는 것이다.

이처럼 농업은 자신의 의지가 담긴 우직함이 경쟁력이다. 열정과 몰입의 참뜻을 가진 마니아가 되어 보자. 얼마든지 도전할 만한 가치가 있는 것이 농업이다. '미쳐야 미친다'는 불광정신이야말로 고객가치를 창조하는 성공의 무기가 될 것이다.

조화의 결실

- 관계를 형성하라 -

PART 02

조화의 결실
- 관계를 형성하라 -

1. 연결만 하면 고상해진다

관계를 맺는 것은 삶을 아름답고 풍요롭게 만든다. 20세기 영국을 대표하는 작가 E. M. 포스트가 쓴 「하워즈 엔드」에서 가치 있는 인생을 위해서는 "연결만 하라, 그것이 삶의 전부"라고 했다. 즉 "삶은 더 이상 흩어진 조각이 아니며, 연결만 하면 둘 다 고상해진다"고 했다. 자신과 사회에 모두 득(得)이 된다는 의미다. 고객과도 좋은 관계가 이뤄지면 단골이 되어 평생 이익을 가져올 수 있다. 남녀 간의 만남도 호감으로 발전되면 부부가 되어 행복의 둥지를 튼다. 자연과도 관계를 가지면 정서가 풍부해지고 삶의 여백을 찾게 된다. 결국 연결은 상호 간에 '행복의 총량'을 높이는 역할을 하게 된다.

도시와 농촌 간에 이루어지는 1사1촌 자매결연도 '관계'의 정신에 입각해 상생의 가치를 발생시키고 있다. 기업이나 단체의 임직원들이 농촌에서 봉사활동이나 농사체험을 하고 농산물을 구입하는 등 지속적인 교류활동은 새로운 농가소득을 창출할 수 있는 기회를 얻게 된다. 농업인들에게 희망을 주는 사업이다. 도농교류사업은 지역사회에 도움을 주는 '사회적 공헌활동'이라고 인식하기에 이르렀다.

이 같은 취지에서, 2010년 8월 23일에는 농협중앙회 대강당에서 작년에 이어 두 번째로 '1사1촌 사회공헌 인증서 수여식'을 가졌다. 농협과 전국경제인연합회가 주최하고 한국표준협회·농촌사랑운동본부 주관으로 열린 이날 인증서 수여식에는 관련 기관·단체장 및 결연마을 대표 등 600여 명이 참석한 가운데 축제 분위기로 열렸다. 청와대에서도 이 행사의 의미를 남다르게 생각하여 농림수산식품부 담당행정관이 참석해 자리를 빛내 주기도 하였다.
이날 인증서 수여식에선 법무부를 비롯해 국민연금공단·서울시농수산물공사·삼성전기·현대증권·웅진홀딩스·현대모비스 등 17개 기업과 단체가 1사1촌 자매결연활동 우수기업으로 선정되어 인증서를 받았다. 각 기업·단체가 인증서를 받을 때마다 결연마을 주민들께서 함성과 더불어 우레 같은 박수가 터져 나와 흐뭇한 광경을 연출했다.

'주는 것이 남는다'는 말이 있듯이 베풂은 그 이상의 가치가 있다. 자매결연 추진활동이 이처럼 사회적 공헌활동으로 자리매김하게 됨에 따라 관련 기업·단체의 이미지와 브랜드 가치는 지속적으로 향상될 것이다. 기업의 '사회공헌'은 최고의 마케팅이라고 일컫고 있다. 오늘날 소비자들은 사회와의 바람직한 상호관계를 갖는 착한 기업의 상품을 선호하고 있다. 지속 가능한 기업은 그렇게 해서 성장하고 영위되는 것이다.

예전에는 생산의 3요소라고 하면 토지·노동·자본이라고 했다. 하지만 요즘같이 정보의 홍수시대에는 생산의 4요소로 확장해 거기에 '관심'이란 자원이 포함되어야 한다고 미국 경제학자 토머스 데이븐 포트는 말하고 있다. 현대사회에서는 어느 분야든지 결국 '관심'을 많이 끌어야 성장할 수 있다는 의미다.

도농교류가 사회적 공헌활동으로 인정됨에 따라 이제 한층 더 내실 있게 추진해 나가야 한다. 서로 만족하는 사업을 지속적으로 발굴, 전개해야 한다. 예를 들어, 농촌에서는 유기농산물 및 제철 농산물 판매, 주말농장 등 농장체험거리 제공, 민박을 비롯한 편안한 쉼터 제공 등 다양한 것들이 있을 것이다. 한편으로 손에 직접 잡히지 않는 무형의 가치제공은 더욱 소중하다. 방문객에 대한 반갑고 친절한 응대와 수시로 안부전화, 변함없는 신뢰감은 상호 간의 관계를 더욱 탄탄하게 만들어 줄 것이다.

한결같은 마음으로 정답게 오고가는 계속적인 교류는 마음의 정(情)을 나타내는 '주고받음의 법칙'에 입각해야 한다. 일방적인 짝사랑은 지속적으로 존재하기 힘들다. 사랑은 서로 주고받아야 계속될 수 있다. 그리고 만나면 늘 즐거움을 줄 수 있도록 해야 한다. 즐거움이 있어야 마을에도 오고 싶어 한다. 재미나는 행사도 만들어 보자. 인간적인 관계를 더욱 돈독히 하기 위해서는 도농 간 개별 가구끼리 교류형태도 선택해 볼 만하다. 개별화는 더욱 친숙감을 나타내고, 마치 형제애를 나누듯이 깊은 사랑과 우정으로 이어질 것이다.

연결은 시너지효과를 내고 더욱 고상해진다고 했다. 관계는 관심을 얻지 않으면 상대방을 리드할 수 없다. 관심을 얻으려면 먼저 상대방의 관심사에 대한 따뜻한 사랑과 애정을 보여야 한다. 마을에서도 마찬가지로 먼저 관심을 보여 주어야 한다. 그게 우정을 돈독하게 하는 지름길이다. 먼저 실천하는 사람이 주도권을 쥐게 되는 것이 세상만물의 이치다. 지금 당장 전화 한 통이라도 먼저 챙겨 보자. 그게 관계를 돈독히 하는 사람의 출발점이자 마음의 동아줄을 동여메는 시발점이다.

2. 접속의 시대

홈페이지를 통해 마을에서 생산한 호박가공제품(호박즙, 호박죽), 고구마, 양파즙, 콩, 쌀 등의 농산물 판매로 높은 농가소득을 올리고 있는 마을이 있다. 매일 아침마다 PC를 켜 보면 밤새 들어온 수문이 수북이 쌓인다. 인터넷 판매의 위력이다. 마을정보화를 선도하고 있는 충남 서산군 회포마을 이야기이다.

호박을 저소득 품목으로 간주했던 농가들이 이제 호박 생산에 많이 참여해 자연적 '호박특화마을'이 되었다. 호박은 넝쿨 식물로 다른 작물에 비해 신경을 덜 써도 되므로 고령화된 농촌마을에서 누구나 손쉽게 재배할 수 있다. 호박특화 주산단지의 차별화 전략으로 '호박브랜드' 효과를 톡톡히 보고 있다. 호박마을 이미지로 농촌체험관광객이 몰려오고 있다. 웰빙식품으로 피부미용에도 좋다는 소문이 퍼지면서 호박을 찾는 이들이 많아졌기 때문이다. 호박음식체험 등을 비롯해 다양한 체험거리를 제공하고 있다.

마을에 미니골프장을 만들어 방문객들에게 골프체험도 즐길수 있도록 하고 있다. 호주에서 오랫동안 살다 온 이 마을주민이 조성한 미니골프장이 마을의 체험자원이 된 것이다. 푸른 잔디밭의 진지한 골프체험은 마음의 평화와 쾌감을 가져다준다. 초등학생들이 난생 처음 잡아 보는 골프채에 신기함과 즐거움에 마냥 재미있어 한다. 이색적인 농촌마을의 체험거리다.

디지털 혁명이라는 새로운 물결로 세상은 급속도로 변하고 있다. 네트워킹 공간에서 제품과 서비스의 가치와 평가를 주고받는 커뮤니케이션 활동이 더욱 활발해지고 있다. 얼마 전 미국의 미래학자 제러미 리프킨 교수는 자신의 저서『공감의 시대』에서 이제는 '소유의 시대'는 끝나고 '접속의 시대'가 열린다는 것, 즉 시장은 네트워크에게 자리를 내주며 소유는 접속으로 바뀌는 추세라고 했다. 접속권을 확보하려는 21세기의 개인이나 집단의 투쟁은 재산권을 확보하기 위해 벌였던 19~20세기의 투쟁만큼이나 치열해질 것이라고 했다. 차이가 있다면 남의 것을 빼앗아 쟁취하는 것이 아니라 남보다 먼저 아이디어를 내고 실현하는 것이라고 했다. 앞으로 가진 사람과 못 가진 사람의 간격은 결국 연결된 사람과 연결되지 못한 사람의 격차라는 것이다. 이제 우리가 해야 할 가장 중요한 행위는 자신의 것을 네트워킹에 어떻게 연결시키는가 하는 것이라고 생각한다.

필자는 사이버 공간을 통해 줄곧 「농촌예찬」 글을 써 오고 있지만 인터넷의 위력이 정말 위대하다는 것을 느끼고 있다. 처음은 미약했지만 지금은 3천여 명의 메일 팬을 확보하여 쏠쏠한 농촌사랑 이야깃거리를 보내고 있는데 많은 분들의 뜨거운 반응에 힘든 줄도 모르고 달려가고 있다. 수시로 전해 오는 격려의 답신과 전화, 그리고 재회했을 때 고마움을 전해 주는 말에 피로감을 잊는다. 어떤 곳에서는 마을홈페이지에 게재하여 주민들이나 고객들이 볼 수 있도록 확산을 시켜 주는 배려까지 하고 있다. 부족한 글이지만 많은 분들의 공감에 감사하다.

앞으로 네트워크 경제에서는 접속의 가치를 더욱 인식하고 거기에 대응해야 한다. 아이디어와 이미지가 거래 상품의 가치를 좌우하게 된다. 하나의 개념이 제품이 되고 인터넷이 '가게(Shop)'와 '마케팅' 역할을 대신하고 있기 때문이다. 세계적 기업인 나이키는 '개념(Concept)'만 팔고 있다. 나머지는 모두 아웃소싱을 하고 있다. 오프라인에서는 돈과 인맥이 판매의 주요 수단이다. 그러나 온라인시대는 접속고객 숫자가 관건이다. 마을의 명확한 콘셉트를 가지고 '마을브랜드' 이미지를 살려 넷(Net)의 공간에서 주역으로 자리매김토록 노력해 나가자. 그게 바로 마을의 주요 소득수단이 될 것이다. 미래의 가장 큰 자산은 고객에게 접속할 수 있는 힘이다.

3. 관계의 소중함

어린왕자: "이리 와서 나랑 같이 놀아줘, 난 너무 외로워."

여　　우: "난 너랑 놀 수 없어, 난 길들여지지 않았거든……."

어린왕자: "길들인다는 게 뭐지?"

여　　우: "요즘 사람들은 너무나 쉽게 잊어버리곤 하지. 그
건 '관계를 만든다'는 뜻이야."

어린왕자: "관계를 만든다고?"

여　　우: "그래. 넌 아직 나에겐 수많은 다른 소년들과 다를
바 없는 한 소년에 지나지 않아. 그래서 난 너를
필요로 하지 않고. 난 너에겐 수많은 다른 여우와
똑같은 한 마리 여우에 지나지 않아. 하지만 네가
나를 길들인다면 나는 너에게 이 세상에 오직 하나
밖에 없는 존재가 될 거야."

위의 글은 생텍쥐페리의 「어린왕자」 속 여우와 왕자의 대화
이다.

농촌사랑 1사1촌 자매결연운동을 전개하면서, 어떤 인연으로
농촌마을과 도시기업이 서로 관계를 만들게 되는 것일까를 생
각해 보게 된다. 소득창출·이윤획득이라는 계산기로만은 도
저히 답이 안 나오는 도농교류 활동의 의미, 위 구절을 새삼 곱
씹으며 도시와 농촌의 교류도 우리 모두 누군가에게 소중한 존
재가 되고자 하는 외로운 마음에서 비롯된 것이 아닐까 감히
짐작해 본다.

　오늘도 우리의 일상은 수많은 사람들과의 관계를 통해 전개
된다. 익명의 신문배달원을 통해 세상의 소식을 접하고, 가족과
함께 아침식사를 한 다음, 출근 후에는 또 얼마나 많은 업무관
련 사람들과 관계를 맺는가? 또 필자처럼 온라인을 통해 수많
은 사람들과 교감하는 활동을 하는 사람도 있을 것이다.

　무심코 지나치던 이런 관계 속에서 상대방에게 관심을 가져
주는 아주 작은 노력만으로도 나 스스로를 소중히 여기게 만드
는 성숙한 인간관계로 나아갈 수 있다. 즉, 자발적으로 길들여
지는 노력으로 서로를 소외시키는 관계 만들기가 아닌, 서로가
서로에게 소중하고 필요한 존재로 거듭나게 되는 인연 맺기가
가능한 것이다.

　긍정심리학의 대가인 미국 펜실베이나아대학교 마던 셀리그
먼(Martin Seligmam)교수도 '매우 행복한 사람'이라는 자신의 논
문 연구에서 최고로 행복한 사람들의 가장 큰 기준은 '관계'라
는 인간적 자산이라는 것이다. 좋은 관계로 인해 삶이 풍성하
며 자신의 가치를 더욱 인식하게 된다고 한다. 그래시 행복은
'어니서'의 문제가 아니라 '누구와'의 문제임을 밝혀주고 있다.

　우리 농업·농촌에도 수많은 '관계자'들이 있다. 제도적인
지원을 담당하는 공무원, 순수한 민간운동 단체인 (사)농촌사랑
범국민운동본부, 농업·농촌을 고민하는 농협, 기업의 행사를
농촌에서 계획하는 1사(社)들, 농촌일손돕기에 선뜻 참여하는
자원봉사자들, 농촌을 방문하는 많은 체험객들, 우리 마을의 농
산물을 구매하는 소비자들…… 일일이 열거하기가 어려울 정
도로 다양한 주체들이 농촌과 크고 작은 관계 속에 있다.

그럼, 이렇게 거미줄처럼 얽히고설킨 관계의 망(網)에서 발이 걸려 비틀거리는 대신, 그 촘촘한 망을 네트워크로 활용해 우리 농업·농촌의 사업에 탄력을 더할 수 있을까? 고민이 된다면, 이 마을의 얘기를 한 번 들어보자.

경기도 양평에 있는 '외갓집 마을' 이야기이다. 이 마을은 조그마한 산촌마을인데 놀랍게도 축구장이 두 개나 된다. 예전의 논밭을 리모델링해 아담한 축구장으로 재탄생시킨 것이다. 멀쩡한 논밭을 축구장으로 바꾸자는 발상에 가타부타 말들이 많았을 법도 하다. 하지만 하나의 목표를 성취하기 위해 마을지도자들의 집념이 대단했다고 볼 수 있다. 또한 당시 그 지역의 면사무소와 마을이 지속적으로 좋은 관계를 유지해 오던 터라 행정적인 뒷받침이 전폭적으로 이루어졌다고 한다.

현재 이 마을에는 그때 마을개발에 많은 기여를 한 면장님의 공덕비까지 세워져 있다. 이는 실리적인 이유에서라기보다는 한번 맺은 좋은 인연을 계속 소중히 가꾸고자 하는 마을 사람들의 소박한 마음에서라고 볼 수 있겠다. 요즘 이 두 개의 축구장은 도시민들의 입소문에 힘입어 더욱 매력적인 공간으로 활용되고 있다.

우리가 개인적인 꿈을 펼치려 할 때, 나아가 공동체 전체의 목표를 달성하려고 할 때, 주변 사람들과 형성해 놓은 좋은 관계가 아주 큰 역할을 할 수 있다는 예를 '외갓집 마을'에서 찾아볼 수 있다.

상대와의 관계를 소홀하게 여기지 않고 인사를 드리며, 먼저 도움의 손길을 건네는 등 작은 노력을 통해 좋은 인연이 싹트게 되고, 이러한 싹이 우렁차게 자라 나무가 되고, 울창한 숲이 되어 언젠가는 우리를 응원하는 큰 지원군이 될 것이다. 혹자는 인간관계를 잘 맺는 사람들을 처세술에만 능한 사람으로 폄하하기도 하지만, 상대를 귀하게 생각하는 바탕 없이 좋은 인연이 면면히 이어질 리 없다. 보다 긍정적인 관점에서 사람과 관계 맺는 법을 잘 익힌다면 보다 풍요로운 세상을, 보다 지혜롭게 살 수 있을 것이다.

4. '3관'이 필요한 농촌

사물을 볼 때는 '3관', 즉 관심, 관찰, 관계가 필요하다고 디지로그 전도사 이어령 박사는 말하고 있다. 예를 들어 예쁜 처녀가 있으면 관심을 갖게 되고, 그 처녀의 태도와 액세서리까지 관찰을 하게 되고, 그러한 관찰이 결혼이란 관계로 이어진다는 의미다.

2009년 10월, 청와대 대통령실이 강원 홍천군 내촌면 와야1리와 자매결연식을 가졌다. 이 마을은 70여 가구로 구성된 전형적인 시골마을이다. 1사1촌 결연을 위해 대통령실장, 행정관 등 20여 분들이 마을에 찾아왔다. 필자도 농촌사랑운동을 담당하는 사람으로서 함께 행사에 참여하였다. 1사1촌의 중요성에 대한 대통령의 메시지가 담긴 행사로서 앞으로 사회적 파급이 한층 클 것으로 예상된다.

최근 미국에서도 대통령 부인 미셸 오바마 여사가 백악관 텃밭에서 채소를 가꾸면서 농업의 소중함을 홍보하였다. 선진 각국의 언론매체에서는 이를 앞다투어 보도하였다. 선진국일수록 농업·농촌의 역할이 국가발전의 주춧돌이라는 것을 깊이 인식하고 있는 증거라고 할 수 있다.

세계의 경영 거장으로 꼽히는 토머스 데이븐 포트가 쓴 「관심의 경제학」을 보면 정보가 넘치는 시대에 '관심'은 경제발전을 이루는 소중한 자원이라고 했다. 우리나라 인구의 93%에 해당하는 비농업인들의 관심을 농촌으로 돌린다면 농촌 발전에 상당한 기여가 되리라고 본다. 그들의 관심이 농촌에 대한 관찰과 관계 증대로 농업의 소중함을 인식하고 우리 농산물을 더욱 애용할 것이기 때문이다.

하지만 도농교류유형의 사회적 패러다임인 1사1촌은 도시와 농촌이 서로 윈윈(Win-Win)하는 모델을 지향해야 한다. 세상에 일방적인 사랑은 영원히 존재할 수 없다. 내가 관심을 준 만큼 돌아오기 때문이다. 우리 농업인도 도시민에게 맑은 자연, 따뜻한 농심(農心), 그리고 우수한 농산물을 제공한다면 변함없는 지속관계가 이루어질 것이다.

5. 도농교류가 마을 발전 촉매제

경기 연천군 임진강 인근에 30여 농가로 이뤄진 새둥지마을은 늘 도시민들로 북적인다. 환한 얼굴로 마을 방문객들을 맞이하는 주민들의 모습도 생기 넘친다. 녹색농촌체험마을과 팜스테이마을로 지정된 도농교류의 시범마을로 다른 마을로부터 부러움을 사고 있다. 주민들의 단결력과 서비스정신은 남다르다. 자연을 통해 도시와 농촌이 하나 되는 새로운 둥지를 만들어 가자는 것이다. 그래서 체험마을 이름도 '새둥지마을'로 작명하였다고 한다.

물론 오늘에 이르기까지 숱한 어려움도 많았었다. 지난 1996년, 1999년 두 차례의 여름철 큰 홍수로 임진강 둑이 터져 많은 농지와 주택이 폐허가 되는 아픔도 겪었다. 지금은 농가들이 예전보다 높은 지대를 찾아서 새 집을 지어 여기저기에 흩어져 살고 있다. 농지기반을 잃어 도시로 이주한 농가도 있다.

마을 풍경도 그다지 내세울 게 없는 이 마을이 발전의 전기를 맞게 된 것은 농촌사랑운동의 일환으로 시작된 '1사1촌 자매결연' 사업이다. 경기도 부천시 상동에 있는 현대아이파크 아파트단지와 자매결연으로 도농교류의 물꼬를 텄고, 아파트단지에 직거래장터도 개설했다. 친환경농법으로 생산한 쌀·잡곡·채소·두부 등을 팔고 있다. 지금도 매월 셋째 수요일에는 직거래장터가 열린다. 농산물이 바로바로 현금화되는 쏠쏠한 재미에 직거래장터가 열리는 날이면 마을주민들의 마음은 설렌다고 한다.

1년에 두 번씩 아파트주민들을 초대하는 마을방문 초청행사도 연다. 봄에는 산나물 캐기, 가을에는 밤 줍기 행사를 개최하고 있다. 도시민들은 맑은 공기와 햇빛, 깨끗한 물에 매력을 느껴 머물고 싶다고 한다. 도시민이 농장에서 머문다는 의미의 '팜스테이(Farm Stay)'가 자연스럽게 정착되고 있다.

1사1촌 도농교류로 마을주민들의 의식도 변하게 되었다. 다양한 연수기관으로부터 '체계적인 교육'을 받으면서 의식을 차츰 바꾸게 된 것이다. 처음 마을 지도자급 주민들이 먼저 지방자치단체와 컨설팅회사로부터 교육을 받았다. 2006년에는 농촌사랑지도자연수원에서 실시한 '마을지도자 기본과정'에 주민 일곱 명이 집단 입교해 선진 체험마을을 만들어보자는 의욕을 보여 주기도 하였다. 또 마을주민들의 요청으로 연수원의 교수들이 마을현장에 가서 교육을 실시하면서 주민 모두는 도농교류활동에 더욱 높은 의욕을 갖게 되었다.

이 마을이 농촌체험관광마을로 알려지면서 초등학교·유치원·교회 등 단체방문객이 서서히 찾아들었다. 처음 농촌체험마을로 출발할 때 손님들의 공동식사를 위해 열세가구의 팜스테이 농가에서 각자 100만 원씩 출연(出捐), 식기·냉장고 등을 준비하는 것부터 시작했다. 여기에는 부녀회원들이 앞장을 섰다. 희망을 가지고 무(無)에서 유(有)를 창조해 보자며 협동심을 발휘한 것이다. 그게 마을체험공동사업의 씨앗이 된 것이다.

2006년 말에는 연천군의 휴전선 접경지역지원사업 대상마을로 선정돼 2층으로 된 '체험교육관'을 지어 도농교류활동장소로 활용하고 있다. 찾아오는 손님이 많아 연중 쉴 틈 없이 이용되고 있다. 초창기에는 한 해 몇 백 명에 불과하던 방문객은 지금 2만여 명을 넘어서고 있다. 농산물직거래 판매액도 몇 억 원이나 된다고 한다. 식사 제공과 체험지도 수익 등 농외소득으로 적금을 붓는 농가도 많아지고 있다. 주민들은 마냥 신바람이 나 있다.

마을의 변신은 여기에 그치지 않고 있다. 철책선 따라 걷기, 영어체험캠프 프로그램을 실시하고 있으며 또 새로운 체험프로그램 개발에도 여념이 없다. 농촌체험과 휴양을 함께하는 체재형 주말농장인 '클라인가르텐'을 조성해, 도시민들에게 임대하면서 높은 인기를 끌고 있어 매년 신청자들이 줄 서 있다고 한다. 최근에는 교육농장도 운영하고 있다. 초등학교 교과과정에 맞춘 주제중심 농촌체험학습프로그램을 개발하여 운영하고 있다.

도시와 농촌이 함께 하여 작지만 행복한 마음으로 출발해 보자는 자매결연 추진, 다양한 기관·단체에서 실시하는 농촌체험교육프로그램에 대한 주민들의 열정, 그리고 부녀회원들의 종자돈이 홀씨가 돼 오늘날 농촌자원을 경제자원으로 만들어 기고 있나. '농촌다움'이라는 상품으로 미래를 열어 가는 주민들의 지혜가 더욱 돋보이고 있다.

6. '실용지능'으로 성공하라

지능지수(IQ)와 성공은 그 연관성이 크다고 할 수 없다. 물론 성공에는 많은 요인들이 작용하겠지만 그중에서 '실용지능' 활용이 중요하다고 볼 수 있다. '실용지능'이란 뭔가를 누구에게 말해야 할지, 언제 말해야 할지, 어떻게 말해야 최대의 효과를 거둘 수 있을지 등을 아는 것이라고 한다. 실용지능은 지능지수(IQ)와는 다르게 일상생활에서 맞닥뜨리는 문제를 해결하는 실용적인 방법과 그 실천에 관련된 능력이다.

우리가 마을개발을 하면서도 이 실용지능을 제대로 활용하지 못해 실패하는 경우가 많다. 처음부터 스스로 능력이 안 된다고 포기하는 경우가 있고, 또 하나는 어떤 문제에 부딪쳤을 때 해결방법을 찾지 못해 주저앉는 수도 있다. 하지만 깊이 고민하고 다각적으로 노력하면 해결방안을 찾을 수 있다는 것이다. '창의적 문제해결 창시자'인 러시아 과학자인 겐리히 알츠슐러에 따르면 '세상 모든 문제 본질은 같으며, 그 해결책은 이미 어딘가에 있다'고 한다. 문제해결원리를 40가지로 유형화한 트리즈(TRIZ)라는 창의적 기법도 이와 같은 원리하에 탄생됐다는 것이다. 마을개발을 하는 데 있어서도 실용적인 해결책을 찾아나서는 노력 자체가 중요하다.

'실용지능'의 중요성은 말콤 글래드웰의 '아웃라이어'에 등장하는 랭건과 오펜하이머라는 상반된 인생의 주인공을 통해서도 알 수 있다. 이 둘은 모두 IQ가 매우 뛰어나다는 공통점을 갖고 있지만, 랭건은 온갖 고생(경제적, 사회적 소외 등) 속에서 생활한 반면 오펜하이머는 원자폭탄을 만든 위대한 물리학자로서의 인생을 살았다.

이 두 천재의 인생을 전혀 다른 양상으로 전개시킨 결정적 요인이 바로 '실용지능'이다. 랭건은 뛰어난 두뇌를 가졌지만, 그것을 바탕으로 사회에서 성공하는 방법을 몰랐다. 랭건 정도라면 학업우수든 생계곤란이든 어느 쪽으로나 충분히 대학 장학금을 받을 수 있었지만, 그는 자신이 처한 상황을 대학 당국에 알리려는 노력을 하지 않은 채 돈이 없어 SAT(미국의 대학입학자격시험) 만점을 받고도 들어갔던 대학을 중퇴해야만 했다.

하지만, 오펜하이머는 달랐다. 그가 학업 스트레스로 지도교수를 독살하려고 한 사실이 밝혀졌을 때도 정학이라는 경징계 처분만을 받은 것은 '그의 천재성을 우리가 보호해야 한다'는 공감이 대학 관계자들 사이에 퍼져 있었기에 가능한 일이었다. 평소 뛰어난 능력을 주변에 적극 알리고, 자신이 추진하는 일에 그들의 동참을 구하는 노력에도 적극적이었던 오펜하이머는 사회의 든든한 지원을 받으며 여러 국가적인 프로젝트에서 중심 역할을 수행할 수 있었다.

그럼, 우리의 관심사! 마을개발은 어떤가?

농촌마을의 경관, 특산물, 도농교류 프로그램 등 하드웨어적인 부분은 이미 일정 궤도에 오른 마을 사이에서는 그 차별성을 찾기 힘들다. 마을의 IQ라 할 수 있는 이런 기본적 요소가 비슷한 수준이라면, 마을의 성공을 결정짓는 것은 위의 예에서

본 것처럼 '실용지능(PI: Practical Intelligence)'이라고 생각할 수 있다.

도농교류에 성공한 마을을 만들기 위해서는 마을지도자 한 명, 또는 마을주민 몇 명의 노력만으로는 어렵다. 곧 행정기관, 농협, 언론기관, 도시의 기업·단체, 방문객 등 관련자의 협조가 마을 발전에 꼭 필요하다는 의미로, 이렇게 마을과 도움을 주고받을 수 있는 다양한 주체들과 관계를 잘 맺는 능력이야말로 '실용지능'이 높은 마을의 가장 큰 특징이라 할 것이다.

우리 마을의 부족한 점을 파악하고, 누구로부터 혹은 무엇으로부터 그 부족분을 메울 수 있는지 판단해 적극적으로 협조를 요청하는 노력이 필요하다. 이러한 과정으로 마을이 성공에 이르면, 그 다음에는 우리가 누군가에게 도움을 주어 그들의 실용지능을 십분 발휘할 수 있도록 도와주는 선순환의 단계로 나아갈 수도 있을 것이다.

마을의 성공 잠재력이 충분함에도 불구하고 당장의 상황이 여의치 않다고 처한 환경에 순응해 포기하고 마는 랭건의 삶을 살 것인가? 아니면, 마을에서 진정 원하는 것이 무엇이고, 이를 위해 어떤 도움이 필요한지 적극 알리는 노력을 통해 한층 도약할 수 있는 기회를 잡는 오펜하이머의 길을 갈 것인가? 스스로의 선택에 달려 있다. 그 선택은 곧 미래의 운명을 결정한다. '두드리는 자에게 문이 열린다'는 진리는 변함이 없을 것이다.

7. 주는 만큼 남는다

최근 『롱테일 경제학』의 저자로 유명한 크리스 앤더슨이 『공짜경제(Free)』라는 책을 발간하여 세간의 관심을 불러일으키고 있다. '공짜경제'의 의미는 소비자의 마음을 얻은 후에 핵심상품을 팔자는 것이다.

멕시코의 세계적인 시멘트회사인 '세멕스'는 가난한 사람들에게 집을 지으라고 시멘트를 싸게 공급하면서 기업 이미지가 좋아져 오늘날 세계적인 기업이 되었다고 하는데, '공짜경제'의 좋은 예라고 볼 수 있다.

농촌에서도 '공짜경제'를 찾아볼 수 있다. 한때 배추 대풍년이 들었을 때, 산지가격이 폭락하면서 공짜배추가 등장한 적이 있었는데, 어느 마을에서는 값싼 배추를 공짜로 주면서 참깨, 콩, 고구마 등을 곁들여 팔아 실속을 챙겼다고 한다. 또 어떤 마을 부녀회에서는 배추값 폭락으로 배추 밭을 갈아 업는 대신 김치를 담아 싸게 판매했고, 그 인연이 이어져 현재까지 도시의 어느 아파트부녀회와 계속하여 농산물을 직거래를 하고 있다.

이처럼 '공짜경제'는 후하게 베푸는 인심, 즉 농심(農心)을 기초로 한 농촌경제에 다시금 곱씹어 볼 단어가 아닌가 생각된다.

사실 '공짜경제'라는 용어를 굳이 빌리지 않더라도 우리 민족에게는 상대와의 교감을 우선시하는 '덤문화'가 존재해 왔다. 미국사회에서 채소시장과 생선시장을 한인들이 장악하고 있는 것도 '덤문화'의 위력 때문이라고 한다. 조선시대 경주 최부자 집이 300년 동안 부(富)를 누린 비밀도 베풀었기 때문이다. 찾아오는 손님을 후하게 대접했고, 사방 백 리 안에 굶어 죽는 사람이 없도록 한 것은 그 밑바탕에 진정한 농심이 깔려 있었기 때문이다.

이러한 '공짜경제', '덤문화'를 비합리적이고 부정확한 것으로 볼 것이 아니라, 물건을 팔기 전 우선 사람의 마음을 사로잡는 고차원 마케팅으로 이해하는 노력이 필요할 것이다.

또한 인정을 베풀고 정서의 공감을 중요하게 생각하는 농심이야말로 '공짜경제'의 바탕이 되는 귀한 가치임을 잊어서는 안 될 것이다.

8. 참되게 주어라

2009년 11월, 1사1촌 자매결연 도농교류활동을 활발히 전개하고 있는 전국의 마을 및 기업·단체의 공로자들과 제주도에서 연찬회를 가졌다. 연수 겸 그간 노고에 대한 위로의 목적이었지만 자매결연 당사자들은 마치 신혼여행을 온 것처럼 기뻐하였다.

서로 부끄러워하며 도농교류를 시작한지가 엊그제 같은데 그동안 잦은 만남으로 분위기가 한결 무르익어 신혼여행까지 왔으니 기쁨에 행복이 더해진 셈이다. 모처럼 이국적인 환경에서 그간 쌓은 교류의 정(情)에 힘입어 2박 3일 동안의 연수기간은 알콩달콩 깨가 쏟아지는 분위기로 진행되었다. 선진 도농교류패턴에 대한 많은 정보 공유를 하였고, 앞으로 더욱 알차게 잘 해 보자는 의지도 불태웠다. 자매결연 초기만 해도 농촌사랑운동 붐에 편승해 맺은 인연이었지만 이제는 도농교류의 실질적인 가치를 느끼는 단계로 진입하였다고 본다. 마치 처음 뿌린 씨앗이 꽃과 열매로 성장하듯 그야말로 도농상생의 진수를 맛보고 있다는 느낌이다.

서로 다정한 친목 속에 즐거움과 진지함이 묻어난 이번 연찬회에서 나름대로 결집된 내용을 세 가지로 요약해 볼 수 있었다.

첫째, 상호 간에 주고받을 수 있는 가치를 찾아보라.

얼마든지 고민하고 생각해 보면 다양한 방법이 나올 수 있다. 진정한 '농촌다움'은 분명 도시민들에게 훌륭한 파트너가 된다. 깨끗한 환경, 안전하고 품질 좋은 농산물, 농촌의 훈훈한 인심은 도시민의 삶의 질을 높이는 충분한 보완재 역할을 한다. 또한 도시민을 위해 다양한 체험거리도 만들어 보는 것도 좋을 것이다.

둘째, 얻고자 하면 반드시 먼저 줘라.

영어로 말하면 '기브 앤드 테이크(Give and Take)'이다. 주는 것을 먼저 하라는 의미다. 노자의 『도덕경』에서도 '덕(德)은 득(得)이다'라고 했다. 그래서 덕(德)이라는 글자는 '얻을 득(得)'과 '마음 심(心)'이 합쳐진 형상이라고 한다. 여기서 잊지 말아야 할 것은 덕도 '현덕(玄德)'이 되어야 한다는 것이다. 현(玄)은 어둠을 상징한다. 이는 덕을 베풂에 있어 자신의 속내를 보이지 말아야 한다는 노자의 가르침을 의미한다. 우리가 늘 자랑하는 순수한 '농심'이 이에 해당할 것이다. 결과를 기대하지 않더라도 그냥 순수함이 좋은 씨앗이 될 수 있다.

셋째, 진정성을 가지라.

서로 공감하는 가치 속에 진실한 마음으로 임하면 교류의 꽃이 더욱 피어나게 될 것이다. 인연의 소중함을 거듭 깨닫고 변함없는 상생의 파트너로 생각하자는 것이다. 여기에는 서로가 좋은 상대가 되려고 노력하는 수 밖에 없다. 진실하면 통한다는 '진즉통(眞卽通)'의 자세야말로 모두에게 이익으로 돌아올 것이다.

이번 제주도 연찬회는 도농교류활동에 대해 다시한번 새롭게 성찰해 볼 수 있는 중요한 기회였다.

9. 산촌마을 농심과 함께한 검사나리

2009년 6월 초, 맑고 아름다운 초록 능선에 둘러싸인 경기도 가평군 하면 '산바라기마을'은 분주한 아침을 맞이했다. 유서 깊은 이 전통농경마을이 주민의 의식변화로 서울서부지방검찰청과 자매결연을 하고 도농교류시대를 열어가는 날이기 때문이다.

마을영농회원들과 부녀회는 아침 일찍 천막을 치고 음식을 준비하느라 바쁜 모습이었다. 살아 숨 쉬는 자연과 함께 순박한 인심으로 살아온 주민들은 오늘따라 더욱 넉넉한 마음으로 도농교류의 의미를 되새기면서 반갑게 손님을 맞아들였다.

평소 정의사회 구현을 위해 애쓰는 검찰청의 검사들과 직원들이지만 오늘만큼은 흠뻑 농심의 세계로 돌아가는 날이었다. 마을주민들을 비롯한 검찰청 직원들, 그리고 자매결연을 주선한 농협 임직원 관계자 등을 비롯해 1백여 명이 참석한 행사였다.

이어진 마을주민들과의 간담회에서는 그야말로 도농(都農)이 하나 되는 분위기였다. 주고받는 막걸리 잔 속에 여기저기에서 시끌벅적하게 많은 대화들이 오갔다.

"이장님, 왜 이곳을 '산바라기마을'로 작명했나요?"

"온통 산으로 둘러싸여 바라볼 곳은 산(山)뿐이라서 그곳에 의미를 두었지요."

"자랑할 만한 농산물이 무엇인가요?"

"당연히 포도이지요. 당도가 무려 16도나 된답니다."

"왜 그렇게 당도가 높지요?"

"이곳은 지대가 높고 사방이 산으로 둘러싸여 일교차가 커서 과일 당도가 높습니다. 다른 포도상품보다 20~30% 비싸게 출하되고 있지요."

모두들 마을주민들과 이곳저곳에서 마주한 자리에서 마을이 품고 있는 이야기 듣기에 재미있어 했다. 평소 추상같은 이미지를 연상케 하는 검사나리들이지만 "경제가 발전할수록 농촌의 역할은 더욱 소중하다"면서 부드러운 웃음 속에 농촌사랑에 남다른 애정을 나타냈다.

사실 '저탄소 녹색성장 패러다임'의 출발점은 바로 농촌에서 시작된다. 녹색의 이념은 탈석유로서, 화석연료에너지의 대체가 가능하고 이산화탄소를 정화시켜 주는 농촌공간이 그 중심에 자리 잡고 있다. 도시의 거주 공간마련을 위해서는 농촌보다 열일곱 배나 더 많은 추가비용이 지출된다는 분석을 보면 농촌생활이 에너지자원을 절약하게 해줌을 알 수 있다. 또 우리나라는 식량자급률이 25%에 불과한, 세계 5위의 곡물 수입국으로서 식량의 장거리 수송으로 인한 많은 이산화탄소를 배출하고 있다. 기후변화시대에 푸른 지구를 유지하기 위해서라도 식량자급률 증대로 푸드 마일리지(Food-miles)을 줄여야 한다.

그린(Green)시대에 농업은 선진국으로 가는 분명한 디딤돌이다. 아무리 첨단 과학장비를 갖춘 비행기라 하더라도 조종사가 창밖을 바라보고 기상과 조화를 잘 이루어야 하듯이, 현대적 문명 속에 살아가는 우리들도 지속 가능한 사회와 미래를 위해 녹색성장의 메카인 초록의 농촌생명공간을 제대로 이해하고 함께 보존하는 것이 중요하다.

자매결연은 객체 상호 간의 '관심의 경제학'이라 볼 수 있다. 모두가 바쁜 세상에 살고 있기 때문에 남들의 관심을 끈다는 자체는 더욱 힘들어지고 있다. 그래서 '관심'은 하나의 자원으로서 복잡한 사회생활 속에서 이제는 돈 주고도 못 살 만큼 귀한 자원이 되고 있다.

이날 서울서부지방검찰청에서는 '관심'이라는 소중한 자원을 농촌으로 배분하겠다는 의지가 담겼고, 마을에서는 그간 열심히 가꾸어온 초록의 공간을 함께 나누겠다는 마음의 교환으로 자매결연행사의 의미가 매우 컸다. 저탄소 녹색성장의 시대를 맞아 농촌사랑의 불씨가 현장에서의 1사1촌 자매결연을 통해 '농업·농촌의 가치를 재발견'하는 흐뭇한 하루였다.

10. 농촌마을에 대한 끌림의 법칙

만물이 태동하는 따뜻한 봄날을 맞이하여 농촌사랑에도 반가운 소식들이 일어나고 있다. 2010년 3월에 들어서 경찰청과 국민권익위원회가 각각 농촌마을과 1사1촌 자매결연식을 가졌다. 농촌사랑에 큰 애정을 불어 넣는 상징성 있는 행사였다. 필자는 이 두 행사관계로 당시에 무척 바쁜 일정을 보내곤 했다.

2010년 3월 초에는 강원도 홍천군에 있는 물걸 2리 마을이 경찰청장과 자매결연을 하였다. 이 마을은 산촌의 서정적 분위기가 돋아나는 전형적인 산간농촌마을이다. 다양한 잡곡과 단호박, 오이, 풋고추, 토마토 등을 주로 생산하고 있다.

이어서 2010년 3월 중순에는 전북 김제시 대청리마을과 국민권익위원회와 자매결연을 하였다. 넓고 기름진 김제·만경평야 곡창지대의 중심에 자리한 자그마한 전원마을이다. 이 마을은 친환경·자연순환농법을 통해 재배한 쌀이 유명하며, 백련차, 친환경 쌈 채소, 고사리가 주요 특산물이다.

이 두 마을은 여느 마을처럼 깨끗한 자연환경 속에 도란도란 소박한 삶을 이어가는 마을인데, 이번에 도농교류라는 큰 변화의 계기를 맞이하게 된 셈이다.

앞으로 경찰청과 국민권익위원회는 실질적인 농촌지원을 위해 농산물 직거래 등 농산물판로 지원과 농번기 일손돕기에 최선을 다하겠다고 다짐했다. 결연 당일에도 농작업 지원이 우선적으로 실시되었다.

마을주민들과 간담회에서 주고받는 막걸리 잔 속에 어느새 정다움이 넘쳐 나기도 했다. 여느 마을과 마찬가지로 부녀회의 정감 어린 음식솜씨가 돋보였다. 특히 봄나물인 냉이와 다래, 씀바귀로 준비한 음식은 '녹색보약'이라고 자랑을 할 만큼 싱그러움이 넘쳐났다.

필자는 이번 행사를 통하여 자매결연에도 '끌림의 법칙'이 작용한다는 것을 느꼈다. 선남선녀가 만나서 결혼하는 것도 알고 보면 상호 간에 끌림의 법칙이 작용한 것이다. 폴 해링턴은

『시크릿』에서 우리의 인생에서 겪는 모든 일들은 바로 이 끌어당김의 법칙에 의해서 일어난다고 했다. 좋은 일, 나쁜 일, 아무리 소소한 일일지라도 그 일들은 모두 내가 끌어당긴다는 것이다. 결국 끌림에 대한 생각은 에너지가 되어 곧 현실로 나타난다는 뜻이다. 이번 자매결연도 전국에 많은 농촌마을이 있지만 결국 상호 간에 끌림의 법칙이 작용했다고 본다.

끌림의 법칙에는 상호 유사성이 있어야 한다. 이는 서로 느끼는 가치에 대한 호감이 비슷함을 뜻한다고 볼 수 있다. 농촌사랑에 대한 상호 간에 호감이 바탕을 이루고 있기 때문에 자매결연을 하는 것이다. 이런 공통된 호감의 가치에 대해 공감대를 더욱 확산시켜 나가야 하지 않을까.

11. 조강지처가 결국 사랑받는다

우리나라의 경제발전상을 보면 도시와 농촌의 관계는 마치 성공한 남편과 그 뒷바라지를 한 조강지처의 관계와 같다. 신흥공업국으로 성장한 한국의 도시는 경쟁력을 갖게 되었고, 그 뒷바라지를 하느라 농촌은 경쟁력을 갖추지 못하게 되었다. 물론 농촌에서도 부분적으로 성공한 분야도 많다. 하지만 돈과 사람은 역시 도시에 몰려 있다.

2010년 7월, 역동의 산업도시로 일컬어지고 있는 울산을 방문하면서 남다른 감회를 느꼈다. 필자는 농촌사랑운동에 참여한 울산광역시의 공무원 부인들과 여성단체 간부들 100여 명이 모인 자리에서 농업·농촌을 더욱 관심과 애정을 갖고 사랑하자는 주제로 '특강'을 하였다.

당시 울산지역 여성지도자들의 농촌체험활동에서 크게 느낀 것은 울산이 친환경 생태도시로 빠르게 변화하고 있다는 것이다. 공업도시에서 한 단계 업그레이드하여 농업발전을 추구하고 있다. 울산시민은 노벨경제학상 수상자인 사이먼 쿠즈네츠 박사가 말한 "후진국이 공업화를 통해 중진국으로 도약할 수는 있지만, 농업과 농촌의 발전 없이는 선진국으로 진입할 수 없다"는 이야기를 몸소 실천하고 있는 셈이다. 작목별 친환경농가가 늘어나고 있고, 벼 재배에 있어서도 오리농법과 우렁이농법으로 많이 경작하고 있다. 울산 시내를 관통하는 태화강의 맑은 물에는 연어가 돌아오고, 수영대회를 개최할 만큼 깨끗한 강으로 변모하고 있다.

이곳 울산에 와서 보니 농촌은 역시 '도시의 비상탈출구'라는 것이다. 마치 산업과 자연이 아름다운 조화를 이루는듯 하였다. 농촌은 도시인에게 편안한 휴식처와 깨끗한 자연공간을 마련해 준다는것을 실감하였다. 농촌생활의 체험 속에서 인간의 오감을 일깨우고 싱싱한 먹을거리를 늘 가까이 둘 수 있는 것을 행복한 삶이라고 아니할 수 없다. 역동적인 산업도시의 이미지를 갖고 있는 울산이 푸른 공간과 친환경농업의 녹색성장을 위해 노력하는 것은 우리 모두가 함께 공감하고 추진해 나아가야 할 영원한 주제 중 하나라는 것이다. 자연과 공존하는 사회가 행복한 삶을 추구한다는 진리는 변함이 없는 것 같다.

농촌의 탁 트인 공간은 우리에게 정서적 안정과 심리적 자유를 느끼게 해준다. 미국 예일대학교 심리학자 존 바그는 "도시에 사는 사람보다, 공간이 훨씬 넓게 지각되는 시골의 주택에 사는 사람이 훨씬 안정되고 자유로운 정서를 느낀다"라고 주장하였다. 삶의 질이 높아질수록 농촌의 공간은 더욱 필요한 행복의 요소가 되고 있다.

환경과 생태계 보존차원에서도 농업은 유지·발전되어야 한다. 좋은 환경을 위해서 환경보존 비용이 들듯이 우리가 비싼 쌀을 먹는다 손치더라도 지속 가능한 발전을 도모하기 위해서는 불가피하게 지출해야 하는 사회적 비용으로 공감하여야 한다. 아마 농촌에서 논농사와 밭농사를 안 지으면 하늘이 새까맣게 될 정도로 공기오염이 심각할 것이라고 주장하는 이들도 있다.

그동안 도시의 뒷바라지 역할을 하느라 희생과 헌신으로 일관해온 농촌이 제대로 대접을 받을 때가 왔다. 조국근대화의 조강지처인 농촌은 그동안 인내심으로 묵묵히 1차 산업을 지켜왔다. 나무의 뿌리 역할을 단단히 해 온 셈이다. 외롭고 쓸쓸하게 걸어온 길이지만 생명산업의 혼(魂)을 포기하지 않았다. 한 민족의 맥을 이어가고 있고 도시발전의 꽃을 피도록 만들었다. 다행히 이제야 농업의 중요성이 새롭게 인식되고 있어 조강지처가 결국 사랑받는 시대를 맞이하고 있다.

새마을 운동과 서양의 르네상스 운동이 당시의 사회 변화를 긍정적으로 이끌었듯 농촌사랑운동은 선진국으로 진입하기 위한 필연적 운동이다. 농촌은 인간행복을 창조하는 새로운 공간으로 변화되어 가고 있다. 소득이 높을수록 웰빙지수의 주요 덕목인 환경과 먹을거리를 소중히 여기고 있다. 행복을 창조하는 농촌 가꾸기에 자부심을 가지고 더욱 매진해야 하지 않을까.

12. 농촌사랑은 선진국으로 가는 디딤돌

2009년 초, 농촌사랑지도자연수원에서 '새출발 농촌사랑 100일 몰입 총력전'을 다짐하는 결의대회를 가졌다. 뜨거운 열정으로 단기간에 몰입, 전 국민이 농촌을 사랑하는 마니아가 되도록 지원체제를 빨리 구축하자는 뜻에서다.

몰입(Flow)은 일에 최고로 몰두할 때의 심리상태를 말한다. 뭔가에 흠뻑 빠지는 사람(Flow+er: 일에 몰두하는 사람)은 '꽃(Flower)'이 된다는 어감으로 해석할 수도 있다. 그리고 사랑은 명사가 아닌 동사(動詞)다. 실천이 중요하다는 의미다. 농촌사랑은 우리 국민들이 그 가치를 공유하면서 생활로써 실천해야 할 행동철학이다.

동서고금을 통해 생명산업을 소홀히 하고서 선진국이 된 사례는 찾아보기 힘들다. 농업은 선진국으로 가는 걸림돌이 아닌 디딤돌이다.

미국의 '교실에서의 농업(Agriculture in the Classroom: AITC)'
이 좋은 예다. 미국 도시민들이 패스트푸드에 익숙해져 농업과
식품에 대한 무지가 심각한 수준에 이르자 농업에 대한 올바른
이해를 돕기 위해 1981년에 정부가 앞장서서 만들었다. 유치원
에서 고등학교까지 이 농업교육 프로그램을 도입, 교양과목으
로 활용하고 있다. 농업의 소중함을 알아야 건강한 국가를 만
든다는 것이다.

일본의 사례는 '식육(食育)'이다. 일본은 식생활교육을 '식육'
이라고 한다. 한 예로 니가타현 오테마치초등학교 5학년생은 6
개월 이상 논밭에서 벼·채소를 재배해야 한다. '식량 수입이
중단됐다는 가정 아래 겨울철 120일을 자체 생산한 농산물로
자급자족하라'는 것이 학생들에게 주어진 과제다. 학생들은 직
접 농산물 생산량을 결정하고, 음식물 폐기량을 줄이는 요령도
터득한다. 식량이 소중한지를 느끼는 '기아체험'도 한다고 한다.

유럽의 경우 '교육농장제도'를 두고 정규교과에 농촌체험학
습을 반영하고 있다. 선진국은 이처럼 농업에 대한 이해와 관
심을 깃도록 유아기부터 성인에 이르기까지 농업과 농촌의 중
요성을 전파하고 있다.

농촌사랑운동은 반짝하고 사라지는 감성운동이 아니다. 100
년 뒤를 잇는 정신적 지주 역할을 할 항구적인 운동이다. 대내
외적으로 어려운 농촌현실을 고려할 때 우리가 농업·농촌의
중요성을 새롭게 인식하고, 체계적으로 농촌사랑운동을 전파
하는 일은 매우 중요하다. 농촌사랑의 실천은 국민 모두에게

생활의 일부분이 되어야 한다. 우리 모두 스스로 실천하는 농
촌사랑의 마니아가 되어 보자.

PART 03

봄 햇살 같은 행복에너지

- 행복을 팔아라 -

봄 햇살 같은 행복에너지
- 행복을 팔아라 -

1. 농촌사랑과 행복강의

도농교류는 행복이다. 우리에게 준 시대적 축복이다. 음양의 조화를 이루어야 세상이 평화롭고 아름다움이 유지되듯이, 도시와 농촌은 상호 간에 활발한 교류활동으로 이어져야 인간적 삶에 유익함을 가져다줄 것이다. 기묘하게도 '행복(幸福)'이라는 단어를 한자로 써 보면 22획이다. 즉 도시와 농촌 둘이 함께 하면 곧 행복을 가져온다는 의미이다. 실제로 도농교류 활성화는 농업인의 소득증대, 도시민의 삶의 질이 향상되고 그것은 행복으로 귀결되기 때문이다.

필자는 요즘 '행복'이란 주제로 KBS 방송국, MBC 방송국 등 여러 언론매체를 타고 간간이 강의를 하고 있다. 농촌사랑이란 의미에 나름대로 심취하다 보니 '행복'이란 개념에 그 연결고리가 이어지는 것 같았다. 참된 행복은 자연과 조화되는 삶에 기반을 두게 된다는 뜻이다. 자연의 가치를 도외시하고는 행복을 말할 수 없다는 것이다.

2010년 10월, KBS 대전방송국 TV출연 강의에서 여성 아나운서로부터 "왜 선생님은 농촌사랑운동을 하다가 행복강의를 하게 되셨나요?"라는 질문을 받았다.

"네, 사랑은 행복의 핵심 에너지이고, 인간이 찾는 최고의 가치는 행복이라고 생각합니다. 결국 사랑으로 출발해서 행복에 이르자는 것이지요. 어쩌면 사랑과 행복은 흐르는 맥과 본질은 같다는 것입니다."

"그럼 농촌사랑과 행복한 삶과의 관계는 어떻게 연결됩니까?"

"네, 세상만사는 근본이 중요하다고 생각합니다. 농업·농촌은 산업의 근본이고, 한 국가를 형성하는 기본바탕이지요. 인간 본성은 만물의 근원인 자연에 바탕을 두고 있는데 농촌은 그 대자연을 포용하고 있습니다. 농촌사랑은 자연사랑에서 얻는 정신적 기쁨과 물질적 즐거움이 만들어지게 하고, 인간적 교류에 의한 더불어 함께하는 즐거움이 있습니다……."

"농촌사랑은 인간적 교류 속에 자연과 물질의 기쁨을 아우르는 철학적이고 실생활적인 운동이라고 볼 수 있겠군요?"

"네, 맞습니다. 그게 바로 사랑의 힘이지요. 행복은 사랑에서 얻어지는 교감이라고 생각합니다. 도시민과 농업인이 만나서 얻어지는 인간적 교감, 농산물판매, 체험 등에서 얻어지는 물질적 교감은 사랑이 에너지가 되어 행복으로 나타나는 현상이라고 볼 수 있습니다.

깨끗한 공기를 마시고 신선한 농산물을 구매하는 것도 중요하지만, 농촌 그 자체가 주는 심리적 행복도 크다고 볼 수 있지요. 예를 들어, 농촌을 배경으로 한 밀레의 '만종'이나 '이삭 줍는 여인들'을 보더라도 서정적이고 평화로움을 가져다주는 심리적 행복이 크지 않습니까. 그게 바로 무형의 가치이지요. ……

그런데 중요한 것은 농촌은 그냥 있는 것이 아니고 누군가는 지키고 가꾸어야 자손대대로 보존된다는 것입니다. 여기에는 국민 모두가 동참을 해야 합니다. 농촌사랑운동은 국민적 정신운동이고 실천운동이라고 생각합니다……"

공중파를 타고 농촌사랑운동을 행복개념으로 연결시키는 것은 의미가 있었다고 생각한다. 최종적으로 지향하는 행복은 무엇일까에 대해서 많은 고민도 해 보았다. 결국 근본이 가장 중요하다는 의미다. 농업은 천하의 근본이고, 인간 삶의 근본은 가정이다. 가정이 화목하면 만사가 이루어진다는 '가화만사성(家和萬事成)'은 만고불변의 진리인 것 같다. 가정의 행복도 곧 부부사랑이 핵심 모체가 되어야 하듯이, 농업이란 생명산업에도 국민사랑이 존재해야만 나라의 행복이 담보되어 질수 있다고 본다. 이처럼 사랑과 행복은 불가분의 관계에 있다고 느껴진다.

필자는 어디서 무엇을 하든지 항상 농촌사랑이란 개념을 지니려고 노력한다. 행복을 말하고 강의하는 것도 거기에서 연유된 것이다. '농촌사랑'이란 네 글자가 나에게 준 큰 선물이었다. 사랑에 대한 몰입과 고민이 또 하나의 '행복'이라는 의미를 깨닫게끔 해준 것 같다. 농촌을 바탕으로 쉼 없이 사랑과 행복관계의 탄탄한 고리를 찾기 위해 노력해 나갈 것이다. 마음의 평안함과 행복의 뿌리는 곧 농촌사랑에서 향유되고 출발될 것이다.

2. 어메니티 자원의 상품화

요즘 '어메니티(Amenity)'란 말이 자주 떠오르고 있다. 농촌의 자연환경을 이야기할 때 이 단어가 곧잘 사용된다. 이 개념은 '쾌적한 환경', '농촌다움', '좋은 기분', '상쾌함' 등 다양한 의미로 쓰이고 있다.

농촌 어메니티는 '농촌지역의 풍부한 자연, 역사, 풍토 등을 기반으로 하여 여유, 정감, 평온이 가득하고 사람과 사람의 접촉에 바탕을 둔 삶의 쾌적성을 갖는 상황'으로 정의되고 있다. 따라서 농촌 어메니티는 도시민들이 그리워하는 농촌의 아름다운 자연환경과 전원의 품, 이에 더해 지역 문화유산이나 특산물, 향토음식 등 다양한 차원에서 사람들에게 만족과 쾌직함을 주는 농촌의 모든 자연적·환경적 자원이 이에 해당한다고 볼 수 있다.

'어메니티' 하면 연상되는 마을 두 곳이 있다. 먼저 강원도 평창에 있는 봉평마을이다. 필자는 이 마을을 2008년 겨울에 아내와 같이 방문했다. 어느 농촌마을지도자 자제의 결혼식에 참석했다가 귀경길에 봉평마을을 방문하게 되었다. 평소 꼭 가 보고 싶은 마을이었기에 더욱 반가웠다.

추운 겨울이라 메밀꽃은 볼 수 없었지만 '봉평 메밀꽃'의 문화적 향기를 느낄 수 있었다. 겨울인데도 많은 방문객들이 찾아들고 있었다. 이효석의 단편소설 「메밀꽃 필 무렵」에서 묘사한 메밀밭이 상품화되어 연중 관광객이 찾아오는 지역으로 바뀌고 있음을 느꼈다. 메밀을 원재료로 사용한 다양한 음식들은 한결 입맛을 돋우었다. 매년 9월이 되면 메밀꽃이 흐드러지게 펴 메밀밭을 보러온 사람들로 북적대 발 디딜 틈이 없을 정도라고 한다.

이효석 작가가 나고 자란 봉평면에는 생가터와 봉평초교 등이 남아 있고, 「메밀꽃 필 무렵」의 작품 배경이 된 봉평장터도 여전히 5일장이 서는 등 전통이 잘 보존되어 있는 곳이다. 새롭게 단장된 '이효석의 문학관'은 이효석 님의 일대기와 문학작품을 엿볼 수 있게 정돈되어 있다. 연간 2백여 만 명이 넘는 방문객이 다녀가는 곳이다. 농촌관광객이 늘면서 사라져 가던 메밀밭이 더욱 각광을 받고 있다. 농촌문화와 자연이 어우러져 매력적인 관광지로 탄생된 셈이다. 봉평마을은 어메니티 문화가 스며 있는 곳이라고 말하고 싶다.

또 하나의 어메니티적 향기가 물씬 담겨 있는 곳은 강원도 삼척의 두메산골에 위치한 '너와마을'이다. 험준한 태백산맥 줄기의 산자락 끝 깊은 골짜기를 따라 마을이 형성되어 있다.

이곳에 민속문화재로 지정된 너와집이 150년 이상 온전히 보존되고 있다. 너와(瓦)는 수백 년 된 붉은 소나무를 일정한 크기로 잘라 쪼갠 널판을 가리킨다. 너와집은 과거 화전민이나 산간지대 주민들이 거주한 주택양식으로 소나무 조각으로 지붕을 이은 집을 가리킨다. 오랜 세월이 흘렀어도 썩지 않아 비가 새지 않는다. 그 비결은 나뭇결에 따라 비 흐름이 잘되도록 연결선 매무새에 조상들의 기술적 지혜가 담겨 있기 때문이다. 맑은 물과 아름다운 산세, 고유의 전통주택양식, 그리고 푸근한 농촌인심이 아우러져 있는 곳이다. 부녀회에서 제공하는 전통음식인 곤드레나물밥은 일품이었다. 천혜의 자연 속에 그윽하게 솟아나는 어메니티 향기를 느낄 수 있었다.

요즘은 자연자원이 더욱 가치를 발휘하고 있는 시대다. 어메니티는 보석의 '원석'에 비유되기도 한다. 원석은 정성스럽게 깎고 다듬어야 찬란한 보석이 된다. 태석태석한 모습을 벗고 중요한 의미로 다가오도록 정성을 들여 가꾸어야 한다. 무(無)에서 유(有)를 창조한다는 자세로 마을공간의 자원들을 세심한 통찰력을 갖고 들여다보자.

어메니티가 나타내는 휴양적, 심미적 가치를 제공하는 자연자원은 어느 마을에도 있다. 다만 그것을 어떤 관점에서 경제적 가치로 보고 상품화시키느냐 하는 것이 문제이다.

3. 청산도 절로절로

청산(靑山)도 절로절로
녹수(綠水)도 절로절로
산(山)절로 수(水)절로
산수간(山水間)에 나도 절로
이 중에 절로 자란 몸이
늙기도 절로 하리라

조선시대의 문인 우암 송시열 님의 시이다. 좌의정이란 벼슬도 하였지만 뛰어난 학식으로 많은 학자를 길러낸 그는, 자연 속에서 절로 늙으며 자연의 섭리에 순응하는 삶을 노래하였다. 이 시는 봄부터 꽃이 피고 새가 울면서 따가운 여름 햇살 아래 무성한 계절을 지나 오곡백과가 무르익는 가을날이면 한 번쯤 생각나는 고시조이다.

이처럼 자연의 순리대로 살아가는 것이 인간 삶의 근본인 듯하다. 그런데 우리는 때로는 의지대로 되지 않는다고 세상을 원망하고 자신을 책망하는 경우가 있다. 결국 크게 보면 아무 것도 아닌데 그 순간을 이겨내지 못하고 크게 상심하는 경우가 있다. 사람은 인생을 살아가면서 '모든 것이 노력하면 된다'는 함정에 빠지는 경우가 많다. 누구나 마음먹은 대로 다 이룰 수는 없는 것이다. 자신의 의지대로 다 이룰 수 있다면 성공하지 않을 사람은 아무도 없을 것이다. 항상 최선을 다하되 하늘의 뜻에 따른다는 진인사대천명(盡人事待天命)의 자세로 받아들여야 한다.

필자의 경우도 마찬가지다. 농협에 발을 들여놓고 30여 년간의 직장생활을 해 오면서 승진 등의 인사이동 때 기대에 어긋나 원망을 해 본 경험도 종종 있었다. 결국 의지대로 잘되지 않는 것이 주변의 모순이라기보다는 나 자신이 부족한 탓으로 결론을 내리지만 그 순간마다 고통은 있게 마련이다. 길게 놓고 보면 다 수용되고 현실에 감사하게 된다. 마치 순수하고 아름다운 자연이 인간의 복잡한 삶을 품어 안듯이 말이다. 현재 나 자신도 농업인을 위해 다양한 강의를 하고 글을 쓰도록 기회를 준 것에 대해 큰 고마움을 느끼고 있다.

농촌에서 이루어지는 크고 작은 일도 마찬가지이다. 슬픔은 슬픔대로 기쁨은 기쁨대로 있겠지만 흐르는 세월 속에 모두가 자연의 품속으로 녹아내릴 것이다. 무릇 오늘 하루도 자연의 질서에 순응하며 평화로움이 가득한 농촌의 삶에 감사를 드리자.

4. 마음의 평화 안분지족(安分知足)

엄마야 누나야 강변 살자.
뜰에는 반짝이는 금모래 빛
뒷문 밖에는 갈잎의 노래
엄마야 누나야 강변 살자.

2009년 4월, 섬진강변에 위치한 전남 광양에 있는 홍쌍리 여사가 운영하는 청매실농원을 찾았다. 섬진강변을 따라 핀 매화꽃과 국도변의 벚꽃은 서로 어우러져 온통 하얀 세상을 만들고 있었다. 거기에 강가의 금빛, 은빛의 모래알이 어우러져 일대 장관을 이루고 있었다. 유유히 흐르는 물줄기는 모든 고뇌와 번민들을 앗아가는 듯 느껴지는 것이 '엄마야 누나야 강변 살 자'라고 노래했던 김소월 시인의 마음을 절로 이해하게 만들었 다. 섬진강변을 걷고 있던 우리 교직원 일행은 감탄사를 연발 하며 지상의 낙원은 이곳이 아닐까 하며 마음을 나누었다. 그 야말로 자연과 농심의 합작품이라는 느낌이 절로 들었다.

40여 년간 매실에 미쳐 영혼을 불어 넣는 노력으로 오늘날 청매실농원을 일군 홍쌍리 여사는 널리 알려진 식품명인이다. 험한 돌산을 일궈 매실나무를 심고 가꿔 매화꽃이 필 때면 누 구나 한 번 들르길 원하는 곳이다. 섬진강을 중심에 두고 전남 광양 일대와 경남 하동군 일대가 온통 매실농원으로 변하여 오 늘날 전국 최대 매실생산지가 된 데에는 홍쌍리 여사의 선구자 적 역할이 있었기에 가능했다. 작은 매실나무에 바친 하나의 신념이 세상을 바꾸어 놓은 격이다.

많은 방문객으로 정신없이 바쁜 중에서도 홍쌍리 여사께서 는 시간을 할애하여 우리 교직원 일행에게 농장안내를 일일이 안내해 주었다. 참 고마웠다. 한 마디로 이 농장은 인고(忍苦)의 세월속에 일구어 낸 아름다운 작품이라고 말하고 싶었다.

홍쌍리 여사의 매실에 대한 사랑은 정말 지극 정성이다. 매 실사랑에 평생 애정과 혼을 불어 넣은 분이다. 아침에 일어나 면 "매실아, 너 잘 잤니?" 하면서 대화를 나눈다고 한다. '매화 꽃은 내 딸이요, 매실은 내 아들'이라고 말한다. 밭에서 일할 때도 시간이 나면 매실나무와 속삭인다고 한다. 자신도 모르는 사이에 매실나무는 어느덧 사랑하는 애인이 되고 만다는 것이다.

자연과의 순수한 사랑이 마음의 평화이고 안분지족이며 물아일체(物我一體)라고 할 수 있다. 아무리 값비싼 금은보석이라 할지라도 이처럼 순수한 대화는 이루어질 수 없을 것이다. 그래서 농업은 생명산업이고 농촌은 인간의 본성을 품어 안은 대자연라고 볼 수 있다.

이번 청매실농원 방문을 통하여 자연에 대한 순수한 사랑과 열정은 그 어느것 못지 않게 아름답고 훌륭한 작품을 일구어 낼 수 있다는 증거를 보았다. 또 마음의 평화가 깃든 농장에서 인간 본연의 희망과 행복이 끊임없이 솟아남을 느낄수 있었다.

5. 일어나기 싫은 아침

풍로에 국 끓고 까치도 울고,
아내는 부엌에서
간을 맞추고,
아침 해 높이 떠도 따뜻한 이불,
세상일 모두 잊고
잠 좀 더 자자.

고려시대 문신인 이색 님의 시(詩)로 농촌의 평화로운 아침 풍경과 더 할 나위없는 마음의 풍요로움을 나타내고 있는 것 같다. 유유자적한 옛 농촌스런 삶이 그저 부럽기만 하다. 예나 지금이나 아침에 따뜻한 이불 속에서 포근함을 떨쳐내기란 쉽지 않은 것 같다. 그래도 사랑스런 마나 님은 일찍 일어나 아침 준비를 한다. 여자라고 따뜻한 이불 속을 누가 마다하겠는가. 사람 마음은 다 마찬가지다. 늘 아내에게 고마움을 느낀다. 그래서 여자보다는 아내가 강하고 아내보다는 엄마가 더욱 강하다고 하지 않았는가.

피로가 덜 풀리면 몸이 무거워 산뜻하게 일어나기도 힘들다. 더구나 요즈음은 치열한 생존경쟁에서 쌓이는 스트레스, 탁탁한 공기, 복잡한 세상에서 고달픈 하루를 보낸다. 세월이 흐를수록 그 농도가 진해져 가고 있다. 그만큼 현대인의 생활에는 신경을 자극하고 체력을 소모시키는 요소가 너무 많다는 얘기다.

이럴수록 휴식개념과 그 질(質)에 대해서 다시금 생각해 봐야 한다. 가중되는 만성피로 상태에서 휴식은 낭비요소가 아니고 재충전의 기회이다. 선진국일수록 장기간 당당하게 휴가를 즐기며 보다 나은 생산성을 위한 개념으로 활용하고 있다.

많은 도시민들이 휴식 공간을 갖기 위해 맑고 쾌적하고 평화스런 농촌을 찾고 있다. 사람의 몸은 자연의 일부이기에 생명의 기운이 움트는 자연 속에서 피로를 풀어야 한다. 시골 황토방에서 잠을 자고 휴식을 취하다 보면 몸이 개운함을 느낄 수 있다. 전남 장성군 축령산 부근 지역에서는 산소(O_2)마을 조성으로 도시민들이 신선한 공기를 즐겨 마시고 갈 수 있도록 삼림욕 체험공간을 운영하고 있다. 날이 갈수록 많은 방문객이 늘어나고 있어 마을주민들은 손님맞이에 여념이 없다고 한다. 이처럼 쉼의 가치에는 자연의 공간이 그 진수(眞髓)가 될 것이

다. 사람의 몸은 역시 자연과 융화가 되어야 쾌감법칙이 작동할
것이다.

이제 농촌에서는 휴양객 맞이에 본격적으로 준비를 해 보자,
휴식을 취하러 오는 도시민들에게 다양한 농촌체험휴양프로그램
을 마련하여 농촌의 풍요로움과 자연의 생기를 불어 넣어 주자.

6. 내 마음에도 단풍이

"오매, 단풍 들것네."
장광에 골 붉은 감잎 날아오아
누이는 놀란 듯이 치어다 보며
"오매, 단풍 들것네."

추석이 내일 모레 기둘리니
바람이 자지어서 걱정이리
누이의 마음아 나를 보아라.
"오매, 단풍 들것네."

누구나 사랑하는 사람으로부터 책갈피에 넣을 만한 곱디고운
단풍을 한 번쯤 주고받아 보았을 것이다. 운이 좋은 연인이면
단풍이 수놓인 엽서도 받아 감동에 젖어 보기도 했을 것이다.
사랑의 증표에 대한 최고 선물은 역시 자연인가 보다. 사랑하는
그대에게 마치 백만 송이 장미꽃이 최고의 선물이듯이 말이다.

작가 오헨리의 「마지막 잎새」에서 폐렴환자인 존시에게 삶
에 대한 새로운 희망을 준 것은 담쟁이넝쿨의 마지막 잎사귀였

다. 일본에서는 단풍잎을 도시락에 첨가소재로 하여 눈요기 식
(食)문화 효과에 기여하고 있다. 도쿠시마현 어느 산골마을에서
는 할머니들이 나뭇잎을 주워 연간 30억 원의 소득을 올리는 것
에서 나뭇잎의 가치에 대해 새삼 느끼게 만든다. 이처럼 자연은
하나로 놓고 봐도 다양한 가치로 위대함을 나타내고 있다.

이맘때가 되면 어릴 적 감잎이 하나둘 장독대 위에 떨어지는
시골 집안의 풍경들이 스쳐 지나간다. 일상에 쫓기는 삶 가운데
서도 김영랑 선생님의 "오매, 단풍 들것네." 시상(詩想)이 가끔씩
떠오른다. 그 푸르던 나뭇잎도 자연의 순리에 따라 알록달록한
오색의 색깔로 변하게 된다. 때로는 자연의 삶에 푹 빠져 보는
것도 농촌의 멋을 느낄 수 있을 것이다.

필자가 근무한 농촌사랑지도자연수원에도 가을이 되면 갖가
지의 나무들이 형형색색의 아름다운 단풍잎으로 가슴속까지
고운 색으로 채워 주는 것 같다. 연수생들은 틈만 나면 아름다
운 모습을 놓치기 아쉬운 듯 카메라에 담곤 한다. 자연의 성숙
한 멋진 모습에 그저 경탄스런 마음이 들 뿐이다.

우리 인간도 마음의 단풍이 필요하다. 붉다는 것은 열정을
의미하는 것이요, 노랑은 온화함을 뜻한다고 볼 수 있다. 나뭇
잎이 계절의 변화에 따라 색깔을 달리하듯이 사람의 얼굴에도
변화가 있어야 한다. 실수를 하고 부끄러울 때는 얼굴이 마치
홍당무처럼 불그레해지듯이 말이다. 뭔가 부족하고 창피함을
느끼듯 얼굴에 변화가 있어야 한다. 철면피 같이 얼굴 두껍고
부끄러움을 모르는 후안무치의 사람이 되어서는 안 된다. 일상

생활에서 얼굴의 변화가 때로는 알록달록한 단풍의 멋이라고 볼 수 있다. 자연의 변화처럼 우리도 세월의 무게만큼 성숙한 열정과 인간미가 넘치는 온화함으로 물들어 보자.

7. 좋은 마을

산 아름다운 곳 작은 서당에
아이들 글 외는 소리
냇물 흐르듯,

비 오는 들에는 일손들 바쁜데
마을은 어느새
인삼꽃 향기

유명한 서예가인 조선시대 추사 김정희 선생님의 글이다. 아이들은 글을 읽고 어른들은 일을 하고 있는 것 같다. 평화스런 옛 농촌마을의 풍경 모습이다. 예전에는 이린이들이 마을 서당에서 훈장선생님의 엄격한 훈도로 천자문을 비롯한 삼강오륜의 법도를 익히곤 하였다. 오늘날에도 농촌마을에 어린이들이 많았으면 좋으련만······.

2009년 가을, 충남 공주 서당골 두메마을에서 '마을주민 현장교육'이 있었다. 가구 수가 30여 호 되는 이 마을은 주로 밤, 고추, 옥수수 등을 경작하는 전형적인 농촌마을이다. 이 마을의 특색은 몇 년 전부터 산 중턱에 '도령서당'이 건립되어 도시어린이들에게 전통예절과 한문을 가르치고 있다. 마치 청학동에서 운영되고 있는 전통서당과 비슷하다. 여기에 30여 명의 어린이가 생활하고 있는데 TV, 인터넷 등으로부터 떨어져 심신을 단련하고자 공부하러온 산촌유학생들이다. 여름방학 동안에는 체험프로그램이 인기가 좋아 많은 어린이들로 붐비고 있다.

이제 농촌은 말 그대로 자연학교이다. 대안학교로서 농촌이 각광받고 있는 이유가 여기에 있다. 문명의 발달로 인해 파괴되고 있는 인간의 심성을 자연과 함께 잘 가꾸어 나가자는 것이다. 요즈음 유치원이나 초등학교를 다니는 자녀를 둔 어린이들이 부모의 뜻에 따라 농촌을 많이 찾는다. 이것은 우리나라뿐만 아니라 선진국에서도 마찬가지다. 세계적으로 농촌에 교육농장이 늘어나는 이유도 여기에 있다. 우리나라에서도 최근에 많은 교육농장이 탄생되고 있다.

이날 현장교육에는 마을주민 70여 명이 참석하여 뜨거운 열기를 보여주었다. 다행히 공주시에서 주요 시책으로 추진하고 있는 '5도2촌사업'의 시범마을로 선정되어 뭔가 해 보려는 의지도 남달랐다. 마을발전기금 모금운동을 전개하여 출향인사를 비롯한 많은 분들이 참여하고 있다고 한다. 앞으로 어린이의 심신단련장인 도령서당과 연대하여 농산물체험과 민박체험에 프로그램을 잘 짜서 운영하면 많은 시너지효과가 발휘될 것으로 보인다.

8. 별빛, 달빛도 소중한 자산

별 하나에 추억과
별 하나에 사랑과
별 하나에 쓸쓸함과
별 하나에 동경과
별 하나에 시와
별 하나에 어머니……

윤동주 시인의 '별 헤는 밤'의 한 부분이다. 읽기와 듣기에도 정감이 어린다. 이렇듯 자연의 순수한 가치에 동화된 마음은 평화와 행복의 여정의 길을 걷게 만든다.

2009년 3월 27일에는 '지구촌 불끄기' 행사가 열렸다. 세계 각국이 네트워크가 된 사회에서 연대의식으로 매년마다 열리는 지구촌 행사이다. 하나밖에 없는 지구보존을 위해 환경의식을 가져보자는 뜻에서 출발한 지구사랑운동이다. 국내에서도 참여열기가 높아져 가고 있다. 전깃불은 많은 에너지 소모로 지구온난화에 부채질을 하고 있다. 잔란한 네온사인과 가로등의 불빛은 멋들어져 보이지만 한편으로 많은 자원과 에너지 사용으로 자연의 미래적 가치를 소모시킨다.

이번 지구촌 '불끄기' 행사를 보면서 지구사랑에 대한 농촌의 은은한 매력을 느끼지 않을 수 없었다. 도시에 비하면 농촌의 밤은 전깃불이 많지 않아 어둡다. 도시에서 불을 끄면 당장 생활에 제약이 오고 삭막하며 무서운 밤이 될 수도 있다. 하지만 농촌에서는 그렇지 않다. 농촌의 밤거리는 불빛은 꺼져 있지만 밤하늘에는 별빛, 달빛이 켜져 있다.

별빛이 흐르고 호젓하게 '별 헤는 밤'의 정취를 즐길 수 있다. '저별은 나의 별, 저별은 너의 별……'이라며 대자연의 신비에 감동하면서 사랑을 속삭일 수도 있다. 밤하늘의 별을 보면 시간이 멈춘 듯 호젓한 분위기를 느낄 수 있다. 청명한 밤하늘의 별빛, 달빛에 따라 우리들 마음도 순수해진다. 맑은 개울가에서는 반딧불도 볼 수 있다. 청정지역에서만 보고 느낄 수 있는 자연의 선물인 것이다. 농촌의 어두움은 도시에서 맛볼 수 없는 대자연의 훌륭한 가치들을 느끼게 해준다.

경기도 가평에 있는 남이섬은 자연과 낭만의 추억이 가득한 예술의 섬을 만들기 위해 그동안 많은 노력을 하여 새롭게 태어난 섬이다. 이곳을 방문하는 체험객들에게 아름다운 별빛과 달빛의 낭만을 느끼도록 하기 위해 밤 열 시가 되면 최소한의 불빛만 남겨 놓는다. 인공의 불빛을 줄일수록 밤하늘의 아름다움은 더욱 돋보이게 된다는 취지에서다. 사람들은 불빛이 줄어드는 불편함보다는 그에 비해 어둠 속에서 주는 자연의 별빛, 달빛 그리고 반딧불에 감동을 한다.

필자는 10여 년 전 몽골을 방문한 적이 있었다. 열흘간의 체류기간 동안 끝없는 초원을 바라보면서 유목문화에 매료되기도 하였다. 밤이 되면 밤하늘의 총총한 별들이 너무도 또렷하게 보였다. 어릴 적 시골에서 보았던 북극성과 은하수가 연상되었다. 찬연히 빛나는 자연의 아름다움에 경탄하지 않을 수 없었다. 반짝이는 별들은 마치 손을 뻗으면 닿을 것만 같았다. 동행했던 몽골인은 자신들이 보유하고 있는 자연의 가치들은 정말 자랑스럽다며 산업화가 된 선진국이 부럽지 않다고 했다.

밤하늘의 별을 헤고 달빛을 감상할 수 있다면 더없이 시골의 운치를 느낄 수 있는 매력적인 마을이 될 것이다. 농촌을 방문하는 도시민들에게 밤하늘의 가치를 자랑거리로 내놓자. 바쁘게 살아가고 있는 도시민들에게 밤하늘은 감성 덩어리가 될 수 있다.

세계적인 감성지능 전도사 대니얼 골먼은 앞으로 인간의 경쟁력은 자신을 다스리는 감정능력, 즉 감성지수(EQ)가 높아야 한다고 하였다. 사람의 경쟁력은 어느 문턱을 넘기까지는 지능지수(IQ)가 필수이지만 그 문턱을 넘어서면 감성지수가 중요하다고 한다. 감성지수는 타고나는 게 아니라 교육과 훈련에 의해 길러진다. 감성지수는 자연을 품 안에 안고 있는 농촌에서 배양될 수 있다. 별빛, 달빛을 제대로 볼 수 있는 마을로 만들어 가자. 언제나 가까이 느낄수 있는 대자연 속의 우주는 농촌의 자산이며 미래의 경쟁력이다.

9. 마을이 세계를 구한다

도시는 끊임없이 자연자원을 고갈시키고 환경을 오염시킨다. 지역사회의 젊은 인력도 빼앗아 가고 정부의 재정지원을 계속 빨아들이는 블랙홀이다. 인간의 편의와 경제적 성장만이 살길이라고 우리 자신도 모르게 도시 속의 삶으로 질주하고 있다. 어느덧 농촌사회가 주변부문화로 전락한 지 오래고 마을이 붕괴되는 사회적 현상은 안타깝기 그지없다.

하지만 '도시 없는 농촌사회'는 지속 가능하지만, '농촌 없는 도시사회'는 지속 불가능하다. 인도의 마하트마 간디 수상은 "만일 마을이 멸망한다면 인도도 멸망할 것"이라고 주장했다. 그는 마을자치를 통해 인류평화의 문제를 해결하려고 노력하였다. 일찍이 '마을문화가 인류문화의 희망'이라고 예언했으며, "마을이 세계를 구한다"고 했다. 참으로 안목이 넓은 훌륭한 농촌예찬론자였다.

2010년 8월 1일은 역사적으로 안동 하회마을, 경주 양동마을이 유네스코 세계문화유산으로 등재된 기쁜 날이었다. 이 두 곳은 조선시대 유교사회의 특징을 잘 보여주는 600년 전통 역사마을이다. 마을이란 터전 위에 자연과 조화를 이루며 살아온 한국인의 삶 자체를 세계적으로 인정받는 아주 의미 있는 쾌거였다. 앞으로 국내외적인 인지도로 많은 방문객이 찾아들 것이다. 우리가 유럽 옛 도시들을 찾듯 외국인들이 이곳을 보러 올 것을 생각하니 매우 자랑스럽다.

필자는 이 두 마을이 세계문화유산으로 인정받은 것을 계기로 오늘날 마을개발을 하면서 염두에 두어야 할 것은 마을 특성을 바탕으로 한 미래지향적 발전모델 구상이라고 생각한다. 그 핵심은 자연조화와 공동체의식을 함양할 수 있는 ‘마을공간 디자인’이라는 것이다. 공간적 개념 없이는 아무리 우수한 향토적 자원을 보유하고 있더라도 그 빛을 발하기 어려울 것이다.

하회마을과 양동마을은 선조들의 훌륭한 지혜가 바탕이 되어 마을의 개성을 자연과의 조화 속에 잘 이루어낸 것이다. 마을 전체가 자연과 하나가 된 경관을 이루며, ‘농경지(생산공간)－거주지(생활공간)－유보지(의식공간)’로 나뉘어 유교적 성격이 강조되는 마을 구성을 이루고 있다. 특히 풍광 좋은 곳에 세운 서원과 정자 등은 의식공간의 핵심지로 학문·교육·사교의 장이었다. 정체성과 자족기능을 충분히 갖추고 있다.

이처럼 오늘날 농촌체험마을을 개발하는 데 있어서도 공간적 개념을 어떻게 가져갈 것인가를 고민해야 한다. 기존의 특성을 최대한 살려가면서 미래지향적인 관점에서 장기적 발전에 탄력이 붙을 수 있도록 디자인해 보자는 것이다. 이 두 마을은 ‘3차원(생산·생활·의식) 공간개념’을 적절하게 잘 조화시켰다고 볼 수 있다.

문제의 핵심해결과제는 마을의 성장잠재력을 위한 필요한 유보지, 즉 마을소유 공동 땅이다. 요즘 마을 땅 확보하기가 여간 어려운 게 아니다. “여기 땅값이 얼마요?” 하여 물어 돌아오는 대답에 입을 한 번 벌려야 할 판이다. 그만큼 비싸다는 얘기다. 그래도 장기적 발전을 위해서, 그리고 후손들의 참여를 위해서라도 유보지를 확보해야 한다. 그게 바로 지속 가능한 마을발전을 위한 구심점 역할을 하게 될 것이다. 마을공동공간은 주민들의 자치력, 협동심 배양과 욕구충족 그리고 마을방문객들을 위한 체험활동이나 교육공간의 장소로 활용될 수 있을 것이다. 마을의 개성을 발전시켜 나갈 수 있는 창의적인 공간도 될 수 있다. 마을주민들의 공동체 의지를 담아 나갈 수 있는 훌륭한 캔버스가 될 수 있는 것이다.

미래지향적인 마을발전을 위해서 선조들의 지혜인 '3차원의 공간개념'을 다시금 되새겨 보자. 지금 마을을 잘 개발해 놓으면 몇 백 년 후 우리 마을이 유네스코의 세계적 문화유산으로 인정받을지 모른다. 희망을 가져 보자.

그 아름다운 마을공화국을 만들기 위해서 의기투합이 필요하다. 뜻이 있으면 길이 있다. 아무리 비싼 땅값도 인간의 의지는 꺾지 못한다. 산업사회의 한계를 극복하는 미래의 대안문화는 마을공동체문화이다. 마을공동체는 지속가능한 인류문화의 미래가 갈무리되어 있기 때문이다. 내가 상상하는 마을이 평화와 행복을 가져다주고 세계를 구해 나갈 것이다.

10. 농심(農心)의 가치

농산물도 치열한 경쟁시대에 돌입하고 있다. 철저한 시장논리에 따라 농산물가격이 매겨지고 있다. 그래서 농가는 규모화가 되어야 하고 철저한 경영마인드로 경쟁력을 가져야 한다는 안팎의 목소리가 높아지고 있는 게 현실이다.

하지만 규모의 경제를 중시하다보면 '대량생산에 의한 대량 소비'로 자원이 고갈되고 환경이 오염될 것이다. 또한 농업이 '돈을 버는 수단'으로만 전락될 가능성도 클 것이다. 경제사상 가 에를스트 슈마허(E.F.Schumacher)는 「작은 것이 아름답다」에 서 '규모의 경제'보다는 '인간중심의 경제'가 더 중요하다고 제 창하였다. 이는 자연자원을 파괴하지 않고 인간성이 거대주의 에 함몰되어가서는 안 된다는 주장이다. 즉 우리의 소중한 가 치인 '농심(農心)'의 참뜻을 간과해서는 안 된다는 의미로 해석 해 볼 수 있다. 21세기는 감성과 체험 그리고 스토리가 지배하 는 시대이다. 5천 년 역사의 농경민족으로서 면면히 이어온 농 심이라는 상품이 시대적으로 더욱 빛을 발휘할 때이다. 농산물 은 공산품과 달라 자연스러움과 순수함이 그 값을 다르게 만든 다. 거기에는 농심이란 브랜드 가치가 담겨 있기 때문이다.

그럼 보이지 않는 '농심'의 실체는 무엇일까? 다소 추상적인 개념으로 다각적인 측면에서 해석이 가능하겠지만 우선 세 가 지로 요약해 볼 수 있다.

첫째는 진실한 마음이다. '콩 심은 데 콩 나고 팥 심은 데 팥 난 다'는 논리는 평생 농사를 지으면서 뼛속 깊이 체화되어 왔다. 노 력한 만큼 거두는 땀의 정직함을 소중한 가치로 여기는 데에 있다.

둘째는 베푸는 마음이다. 떡 한 조각이라도 있으면 나누어 먹 으려고 하고, 동네에 제삿집이 있는 날이면 푸짐한 음복음식으로 잔치를 벌이기도 한다. 또한 상거래에도 조금 더 얹어 주는 '덤의 문화'가 있다.

셋째는 생명을 소중히 여기는 마음이다. 자연친화적인 삶으로 자연에 대한 애정이 깊으며, 자연은 인간의 삶에 근원이라는 것을 알고, 자연의 위대함에 더욱 겸손하고 소박한 정서를 지니게 된다. 이처럼 농심은 디지털시대에 아날로그적 감성을 불러일으키는 휴머니즘이다.

오늘날 현대인들에게 어필되고 있는 이런 아날로그적 감성을 생활주변 곳곳에서 발견할 수 있다. 이제는 넓은 길보다는 시골길이 인기가 좋다. 제주도에서 개발한 올레길은 관광명품으로 떠오르고 있다. 최근에 개발되고 있는 지리산 둘레길도 주말마다 많은 도시민들로부터 호응을 얻고 있다. 또한 자동차보다는 자전거 타기에 더욱 묘미를 느끼고 있다. 시골의 정서, 그야말로 농심의 가치가 부각되고 있는 시대다. 산업문명이 발달할수록 농심 같은 휴머니즘이 진가를 발휘하는 것이다.

이제 '농심' 그 자체를 주요한 경쟁력 요소로 간주해야 한다. 편리함 위주의 디지털시대라도 인간적 정서가 교감되지 않으면 사람들은 이에 거부감을 느낄 수 있다. 「노동의 종말」에서 저자 리프킨도 인간적 삶의 행복추구는 농촌마을과 같은 전통사회에 흐르는 공동체적 생활방식에서 그 뿌리를 찾아야 한다고 주장하였다. 우리 농촌의 고유한 DNA라고 할 수 있는 '농심'의 의미를 되새기고 그 가치를 높여 나가야 할 때이다.

11. 귀거래사(歸去來辭)

자, 돌아가자.
고향 전원이 황폐해지려 하는데 어찌 돌아가지 않겠는가.
지금까지는 고귀한 정신을 육신의 노예로 만들어 버렸다.
어찌 슬퍼하여 서러워만 할 것인가.
이미 지난 일은 탓해야 소용 없음을 깨달았다.
앞으로 바른 길을 쫓는 것이 옳다는 것을 깨달았다.
내가 인생길을 잘못 들어 헤맨 것은 사실이나,
아직은 그리 멀지 않았다.
이제야 깨달아 바른 길을 찾았고,
지난날의 벼슬살이가 그릇된 것이었음을 알았다…….

이는 중국 송나라의 시인 도연명이 벼슬을 버리고 고향으로 돌아갈 때 지은 귀거래사(歸去來辭) 중 일부이다. 인간은 자연을 원천적으로 좋아하는가 보다.

필자는 주말에 가끔씩 고향인 경북 상주의 시골에 내려가면 언제나 첫 연애 때처럼 가슴이 설렌다. 청명한 가을하늘에 농촌 길을 가노라면 그냥 마음이 편안해진다. 흙냄새는 향수냄새보다 더 향기가 좋다. 들판에 싱싱하게 자란 농작물을 보면 마냥 사랑스럽다. 처서가 지난 논에 벼들은 새색시처럼 연노랑 옷을 살포시 입으려고 하고 있다. 먼발치에서 보노라면 한 폭의 그림보다 더 아름답다. 자연은 겸손하면서도 위대한 자태를 보여주고 있는 것 같다.

철학자인 루소도 '인간이 행복해지려면 타락한 문명 이전의 자연상태로 돌아가라'고 했다. 1516년 토마스 모아가 발표한 공상소설 「유토피아(Utopia)」의 이상향(理想鄕)이 바로 농촌이다, 생활수준이 높아질수록 많은 사람들이 살고 싶어 하는 곳은 도시가 아니고 농촌이라는 것이다. 기계문명이 아무리 발달해도 결국은 인간 심성의 본바탕은 자연과 온갖 생명체들이 함께 어우러져 살아가는 농촌이다.

농촌은 삶에 지친 도시민들에게 훌륭한 휴식처 역할을 하고 있다. 친환경과 웰빙이 최고 가치로 부각되는 시점에 농촌은 새롭게 조명을 받고 있다. 최근 귀농·귀촌을 하려는 도시민들이 부쩍 늘어나고 있다. 저탄소 녹색성장도 농업의 새로운 동력원이 되고 있다. 식량자원, 생태자원, 산업자원으로서의 농촌의 기능은 인간의 개발로 몸살을 앓고 있는 지구에 구원투수 역할을 하고 있다. 농산물 가격만으로 계산할 수 없는 농업·농촌의 무한한 가치에 경외심을 표한다. 사랑하는 이의 품에 안기듯이 갈수록 매력을 나타내는 농촌의 품에 살포시 안겨 보고 싶다. 그래서 필자는 고향인 시골을 자주 간다.

고향을 그리워하는 향수, 곧 노스탤지어(Nostalgia) 감정은 사회적 결속에 긍정적으로 작용하는 심리로써 행복감을 가져다준다고 사회심리학자들은 말하고 있다. 고향을 가고 싶다는 생각은 부질없은 시간낭비가 아니라는 것이다. 고향을 꿈꾸는 자에게 행운이 있다는 것…

PART 04

녹색생활의 청정한 빛

－ 녹색생활을 주도하라 －

녹색생활의 청정한 빛
- 녹색생활을 주도하라 -

1. 슬로라이프의 행복

하버드대학에 '행복학' 강의로 열풍을 불러일으킨 탈 벤-샤하르(Tal Ben-Shahar) 교수는 행복의 인식에서 가장 중요한 것은 '무엇이 나를 더 행복하게 해줄 것인가?'라는 물음으로 시작해야 한다고 했다. 그래서 보다 행복한 삶을 위한 답을 알려면 다음 세 가지 질문에 대한 공통분모를 찾아야 된다고 그의 저서 「해피어(Happier)」에서 밝히고 있다.

"하는 일이 나에게 어떤 의미가 있는가?"
"무엇이 나에게 즐거움을 주는가?"
"나는 무엇을 잘하는가?"

우리는 행복을 지향하는 이런 기본적인 물음에 자주 음미를 해 보면서 삶의 가치를 되새겨 보아야 한다. 또 행복은 '즐거움'과 '의미'를 함께 주는 것이라고 그는 강조하고 있다. 지속적인 행복을 얻으려면 원하는 목적지를 향해 가는 '여행' 자체를 즐길 수 있어야 한다는 것이다. 행복은 산의 정상에 도달하는 것도 아니고, 산 주위를 목적 없이 배회하는 것도 아니며, 행복이란 산의 정상을 향해 올라가는 과정이라고 했다.

필자는 방송강의 관계로 '행복'에 대한 다양한 책을 읽게 되었다. 2010년 5월부터 10월까지 약 6개월 동안 MBC 삼척 방송국의 '박영일의 행복클리닉'이란 코너에 출연하여 매주 목요일 약 10분 정도 라디오로 생방송을 진행한 적이 있었다. 강의 내용이 공중파를 타는 그 자체도 긴장감이 높지만 매번 색다른 주제로 진행한다는 것이 여간 어려운 것이 아니었다. 방송을 통해 필자는 '농촌가치를 바탕으로 한 행복한 삶'을 살자고 주장한 적이 많았다. 과거 새마을운동이 경제 살리기였다면, 농촌사랑운동의 핵심 가치인 '슬로라이프'는 사람 살리는 '국민행복운동'이라는 가치관을 심연 속에 품고 있었다.

도시의 분주한 일상생활의 틈바구니에서 움직이다 보면 진정한 행복을 느끼기가 어렵다. 너무 바쁘게 움직이다 보면 일정한 방향성도 없고 통일성도 없는 고립된 사건들의 연속이 될 수 있다. 따라서 아무리 바쁘더라도 명확한 삶의 방향을 정하고 나가야 한다. 행복바이러스 전도사 안철수 교수는 인생가치의 우선순위를 첫째는 '마음이 편한 것'이고, 둘째는 '명예'이며, 셋째가 '돈'이라고 했다. 모든 것이 다 소중하지만 결국 행복을 추구하는 것은 곧 마음의 평화라고 볼 수 있다.

요즘 '슬로라이프', '슬로시티', '슬로푸드'가 많이 회자되고 있다. 속도를 중시하는 현대사회에서 '느림의 문화'는 언뜻 어울리지 않아 보인다. 그런데도 세계적으로 확산되고 있다. 치열한 생존경쟁시대에 살면서 '빠른 속도'가 일상적인 삶의 행복에 '적'이 되었다고 해도 과언이 아니다. 우리는 자신도 모르게 '속도의 노예'가 되어 가고 있다. 선사시대의 공룡들은 지혜와 지성보다는 힘센 근력을 선호하다가 결국 역사 속으로 사라졌다. 오로지 성공하기 위해서 자연과 감성을 배제하고 남보다 앞서기 위한 능력과 경쟁을 강조하는 현대의 도시문화는 현대판 공룡의 운명이 될 수도 있다.

삶의 가치를 높이고 지속 가능한 사회를 열어가기 위해서는 '슬로라이프' 문화가 더욱 필요하다. 행복의 진정한 가치는 마음속에 있고, 그 마음은 자연의 가치와 궤를 같이하기 때문이다. 인간의 본성을 찾아서 보다 찬찬히 '삶' 자체를 음미하며 거기에서 행복을 찾는 느림의 문화가 소중하다. 지금 내가 하고 있는 일에서 행복을 찾아보자. 행복은 삶의 여유와 더불어 지금, 이곳에, 나의 마음과 행동 속에 있다는 것을 잊지 말자.

2. 서울대학교에서 녹색강의

2009년 6월 10일, 서울대학교에서 강의를 한 적이 있었다. 강의 주제는 '녹색성장에 있어 농촌가치의 역할'에 관한 것이었다. 서울대 국제회의실에서 서울대 지구환경과학부 석·박사 과정 대학원생과 자연과학대학 학생 및 교수 등 100여 명을 대상으로 '녹색성장과 농촌사랑운동'이란 주제의 강의를 하였다.

약 2개월 전부터 강의 요청을 받고 준비를 하였지만 강의 디자인을 어떻게 할까 하고 많은 고민을 하였다. 어떤 강의라도 항상 부담이 따르기 마련인데 세계적 명문대학교에서 강의를 하는 만큼 신경이 많이 쓰였다. 하지만 농업·농촌의 가치를 식자(識者)층에게 제대로 알릴 수 있는 좋은 기회라고 생각하고 강의 준비에 최선을 다하였다. 그동안 배운 지식을 총동원하여 멋지게 강의를 해 보자는 의욕이 앞서 있었다.

강의 주제의 큰 흐름은 '농업·농촌을 잘 보존하고 가꾸며 농촌생활을 향유하는 것이 곧 녹색성장을 지향하는 지름길'이라는 요지였다. '저탄소 녹색성장'의 정부시책은 도시의 경우 이산화탄소 절감과 에너지 절약 등 수동적으로 대응하는 것인 반면, 농촌에서는 지속 가능한 자연친화적 생활과 영농활동은 능동적 대응방안이라고 설파하였다.

녹색실천의 한 방안으로 각광받고 있는 자전거를 형상화해 설명하였다. 자전거 바퀴살(Spoke)의 영문 머리글자로 녹색성장에서 농촌가치를 5단계로 구분하여 논리를 전개하였다. 즉, 식량·식탁의 안보의 중요성(Security), 뜨고 있는 농촌의 장소마케팅(Place), 첨단기술로 여는 농업의 기회(Opportunity), 환경보존 역할을 하는 파수꾼(Keeper), 농업·농촌이 알려주는 지혜의 가르침(Education)으로 이론을 구성하였으며, 녹색성장의 승부처는 결국 농촌이라고 역설했다.

마지막으로 지식인일수록 지구온난화 시대에 농업·농촌의 중요성을 인식하고 농촌사랑운동에 적극 동참하는 자세를 보여주어야 한다고 강조하였다. 기후변화에 따라 작목별 생산추이 예측으로 미래 전략적 영농방안을 학계에서 제시해주면 좋을 것이라고 당부의 의견도 제시하였다.

강의를 하는 동안 진지하게 경청하는 자세에 감사했다. 강의 후 약 30분간에 걸쳐 열 개 정도의 질문을 받았는데, 예리한 질문에 답변을 하느라고 땀을 좀 흘렸다. 나름대로 논리 전개를 하여 답변에 응할 수 있었다. 약 두 시간 강의였지만 마치 아홉 고개를 넘는 기분의 긴장감을 느꼈다. 다행히 강의를 마칠 때 많은 박수소리가 들려와, 그간의 스트레스가 쭉 날아가는 기분이 들었다.

3. 농촌은 녹색성장의 터전

녹색성장에 대한 논의가 활발해지면서 그 해법을 찾으려는 노력들도 다양하게 전개되고 있다. 그러나 정작 '녹색의 보고(寶庫)'라 할 수 있는 농업·농촌은 다소 간과되는 측면이 있어 안타깝다. 인간이 자연과 조화를 이루어 건강하게 잘살기 위한 것이 녹색성장 궁극의 목적임을 생각하면 자연환경에 무해한 생산과 소비를 추구하는 농업·농촌이야말로 녹색성장의 가장 기본적인 출발점이라 할 것이다.

그렇다면 녹색성장과 접목할 수 있는 농촌의 가치에는 어떤 것이 있을까? 크게 식량자원, 생태자원, 산업자원으로서의 농촌의 기능을 살피고, 이러한 역할이 녹색성장에 기여할 수 있는 부분을 언급하고자 한다.

첫째, 우리 농촌은 먹을거리를 공급하는 식량 공급원이다. 그러나 우리는 그동안 산업화의식에 매몰되어 이러한 농촌의 고유기능을 외면해 왔다. 우리나라의 식량수입 규모는 현재 연간 약 2,700만 톤 정도로 세계 5위에 달한다. 이는 식량자주 위협이라는 문제뿐만 아니라, 식품의 이동거리를 뜻하는 푸드마일(Food Miles)의 증가에 따른 이산화탄소 배출이라는 큰 문제를 야기하고 있다.

식량수입 대신 우리의 농촌을 살리고, 그 농촌에서 생산되는 농산물을 먹는 로컬푸드(Local Food) 공급만으로도 우리는 이산화탄소 발생을 획기적으로 줄일 수 있다. 앞으로 국제무역에 탄소거래세가 부과된다면 식량수입에도 상당한 추가비용을 부담해야 하는데, 우리 농촌을 기반으로 생산한 근거리 농산물로 먹을거리를 해결하는 녹색 식생활문화 형성이야말로 녹색성장의 큰 축이 될 수 있다.

둘째, 농림업은 기본적으로 국토이용면적 대비 온실가스 배출량이 적은 친환경 산업이며, 농촌은 환경부하를 줄이고 삶의 질을 높일 수 있는 생태적 공간이다. 최근 통계에 의하면 농림업은 그 이용면적이 전 국토면적의 81%(816만ha/997만ha)를 차지하나, 온실가스는 농림분야가 2.5%를 배출할 뿐이고, 산림분야는 오히려 6.3%를 흡수한다고 한다. 농경지토양은 공기 중 이산화탄소를 두 배 이상 함유함으로써 이산화탄소 저감에 큰 역할을 하고 있다.

이러한 농촌의 훌륭한 생태자원이 최근에는 농촌관광의 형태로 도시민들에게 제공되고 있다. 이는 또한 자라나는 아이들에게 깨끗한 환경을 있는 그대로 체험할 수 있는 기회를 제공함으로써, 자연과 환경을 더욱 아끼고 보존해야 한다는 살아있는 교육 자원으로까지 확대되어 장기적으로 녹색성장에 대한 공감대를 형성하는 데 기여할 것이다.

셋째, 농촌은 최근 사회전반에 화두처럼 제시되고 있는 신사업 발굴의 블루오션이다. 농업부산물을 재활용해 사료, 천연세제, 화장품 등 기능성 제품을 만드는 자원순환형 사업 개발이 진행되고 있으며, 누에가 원료인 천연 실크단백질로 만든 인공뼈와 인체 보형물 등 BT(생명공학)와 농업의 접목도 시도되고 있다.

유채 등을 원료로 하는 바이오디젤유 생산 등 농업분야는 화석연료를 대체할 바이오에너지로서의 가능성도 크게 부각되고 있다. 이러한 다양한 노력들은 농업이 단순 생산에 머무는 1차 산업을 벗어나 제조가공과 서비스산업으로 발전할 수 있는 가능성을 제시하는 것이며, 이는 곧 사회 전체의 부가가치 증대와 일자리 창출에도 많은 기여를 하게 될 것이다.

간략하게 녹색성장 시대에 재고해야 하는 농촌의 가치에 대해 조명해 보았지만, 농촌은 녹색성장의 출발점이며, 삶의 질을 높이는 생태공간을 창조하는 농업은 신산업과 소재 발굴의 블루오션이라고 할 수 있다. 너무나 당연해 오히려 소홀히 여겼던 우리 농업·농촌의 잠재력에 대해 확신을 갖고, 이를 적극적으로 녹색성장에 활용할 수 있는 방안에 대한 고민이 무엇보다도 중요한 시기이다.

4. 체험가치의 소비시대

> 내게 말해봐, 나는 곧 잊어버리지.
> 내게 보여봐, 나는 기억을 해내지.
> 나를 참여시켜봐, 나는 잘 이해하지…….

위 글은 일본 디즈니에서 테마파크 교육을 실시할 때 체험가치의 소중함을 내포하는 말로서 미국 콜롬비아대 교수 번트 H. 슈미트의 「체험 마케팅」에서 밝힌 글이다. 사람은 들은 것의 10%, 읽은 것의 30%, 본 것의 50%, 행한 것의 90%를 간직한다고 한다. 이처럼 '체험'은 인간의 오감을 일깨우는 감성적 요소로 그 영향력이 크다.

21세기는 '체험의 시대'라고 한다. 풍요한 물질의 시대에 인간의 욕구를 충족시켜 주는 것은 이야기, 체험, 디자인 등 감성적 상품이다. 감각을 자극하는 요소에 즐거워하고 삶의 의미를 부여하기도 한다. 때로는 감성적 분위기에 매몰되어 행복의 순간을 맛보기도 한다. 그야말로 감각, 감성, 감동적 소비생활은 인간의 삶을 더욱 풍요롭고 진하게 만들 것이다.

감성지능 전도사인 대니얼 골먼 교수는 인재개발육성에 있어 "문턱을 넘기까지는 지능지수(IQ)가 필수이지만, 문턱을 넘어서면 감성지수(EQ)가 중요하다"고 하였다. 인간의 경쟁력은 곧 감성적 능력에 의해 판가름 난다는 의미다. 애플사의 CEO인 스티븐 잡스가 아이폰과 아이패드를 개발하여 세계적 선풍을 불러일으키게 된 것도 결국 풍부한 감성을 바탕으로 창의력이 발휘된 셈이다.

농촌이 체험관광지로 떠오름에 따라 농촌체험이 감성소비의 장소를 제공해주고 있다. 이제 농촌체험관광은 단순한 체험을 넘어서 농산물과 자연, 그리고 농촌문화에 대해 학습하는 '교육농장' 영역으로 확산되고 있다. 농촌은 살아 있는 생생한 교육현장이다. 각박한 세상에 자연만큼 뛰어난 교육환경도 없다. 농촌체험은 자연의 이치를 깨닫고 상상력과 창의력을 키워준다. 특히 청소년들에게 체험교육이 무엇보다 중요하다. 프랑스에서는 유치원과 초등학교 학생 대부분이 매년 3회 이상 교육농장을 방문할 정도로 농촌체험학습이 활성화되고 있다. 일본의 경우도 초·중·고등학교가 매년 7일 이상 농촌체험활동을 갖도록 하는 것을 목표로 정부에서 예산지원을 하고 있다. 이처럼 선진국에서는 농촌체험학습에 대한 제도적 지원을 아끼지 않고 있다.

2010년 6월, 농촌사랑지도자연수원에서 '농어촌체험지도사 교육과정'에 입교한 33명이 3주간의 교육을 제1기로 수료하였다. 농어촌체험지도도 전문가가 필요한 시대의 도래를 말해주고 있다. '도농교류촉진법'에 의거 최초 실시한 '마을해설가' 교육에 이어 두 번째로 진행한 전문과정교육이었다. 무더운 날씨에도 불구하고 교육생들은 열정적인 태도로 소정의 학습프로그램을 모두 이수하였다. 이들은 앞으로 체험지도에 대한 전문가로서 보다 많은 지식과 기술로 다양한 관점에서 농촌체험 프로그램을 진행하게 될 것이다.

농촌체험도 전문성을 요구하는 트렌드인 것만큼 더욱 프로정신으로 운영해 나가야 할 것이다. 체험은 사람의 오감을 자극하는 감성적 느낌과 창조적 인지력을 갖게 하는 이성적 마인드도 심어준다. 체험객들의 욕구충족을 위해서 다음 몇 가지 사항을 더욱 고려해 볼 필요성이 있다.

먼저 체험지도사는 지역의 농경자원과 문화에 대한 풍부한 지식을 갖추도록 노력해야 한다. 끊임없이 연구하는 자세로 마을의 자원에 대해 의미 있는 체험과 충분한 해설이 이루어질 때 잔잔한 감동이 샘솟아날 수 있을 것이다. 아는 것만큼 보고 느낀다고 했다. 의미와 가치를 모르면 팔만대장경판도 빨래판에 지나지 않을 뿐이다. 체험프로그램을 지도할 수 있는 능력과 기술을 갖추어야 한다.

둘째, 자연과 생명에 대한 이해와 사랑을 가지고 있어야 한다. 자연에 대한 깊은 애정 없이는 농촌현장에서 감동을 줄 수 없다. 감성적인 농심마인드가 필요한 것이다. 또한 친절한 응대와 서비스 그리고 열정적인 자세로 인간적인 휴머니즘을 느끼도록 해야 한다. 돈독한 신뢰와 우정만이 지속적인 관계를 형성해 나갈 것이다.

셋째, 즐겁게 진행을 해야 한다. 체험상품에도 엔터테인먼트 요소가 빠지면 소비자들로부터 외면을 받기 십상이다. 재미야말로 농촌체험을 더욱 부가가치 높은 상품으로 만들어 갈 것이다. 요즘 같은 세상에서는 흥미 있는 요소들은 약방의 감초처럼 따라다니도록 해야 한다. 특히 아이들에게는 즐거움은 필수불가결하다. 즐거움 속에 호기심을 가지며 자연스럽게 배움을 익히게 된다. 그게 바로 아이들에게 자연 속의 영양제라는 종합비타민을 먹이는 격이다.

이제 체험가치 소비시대를 맞이하여 더욱 다양한 체험프로그램 개발로 체험객들에게 풍요로운 삶과 보람을 느끼도록 해보자. 이는 곧 농촌문화의 가치를 증진시킬 것이며, 잠재된 농촌문화자원에 더욱 매력을 가지도록 만들 것이다. 끊임없는 노력으로 전문성이 내재된 체험지도만이 진정한 농촌가치를 맛보는 경험으로 찬사를 아끼지 않을 것이다.

5. 아이의 호기심, 자연에서 채워라

유태인들은 왜 그토록 공부도 잘하고 돈도 잘 버는 사람들이 많을까? 유태인은 전 세계 인구의 0.2%(약 1,300만 명) 정도인데 역대 노벨상 수상자의 24%를 차지하고 있다. 세계 최고의 대학이라는 하버드대학에서 학생의 30%가 유태인이라고 한다. 세계 갑부들의 서열에서도 유태인들은 상위에 랭크되어 있다. 미국 내 최고 갑부 40명 중에는 최근 유태인이 16명이나 된다고 한다. 오늘날 많은 유태인들이 자본주의 발전의 동력인 '지식'과 '돈'을 함께 쥐고 있는 셈이다.

그래서인지 대부분의 사람들이 유태인들은 머리가 우수한 민족이라고 생각한다. 그러나 그들의 지능지수는 그다지 높지 않다고 말한다. 그럼 어디에서 이런 위대한 힘이 나올까? 연구에 의하면 유태인 민족이라면 누구나 지니고 있는 '왕성한 호기심'이라고 말한다.

실제로 필자는 그들이 호기심과 탐구심을 일깨우는 것을 최우신 교육과제로 삼는다는 것을 직접 체험할 기회가 있었다. 1996년도 이스라엘을 방문할 때에 우연히 이스라엘의 유치원을 방문하게 되었는데, 그곳에서 어린아이들이 자연 속에서 감성학습을 하고 있는 모습을 볼 수 있었다. 아이들은 유치원 안에서 토끼와 새들, 그리고 아장아장 걷고 있는 병아리들과 함께 놀면서 마냥 신기해 하고, 즐거워했다. 유치원 밖에는 각양각색의 꽃이 그윽한 향기를 자아내고 있었다. 말 그대로 '자연 속 유치원'이었다. 이런 아름다운 자연환경 속에서 아이들의 호기심과 탐구심이 향상되는 것은 지극히 당연한 일일 것이다.

유태인들의 경쟁력은 이렇게 유아시절부터 키워진다. 아이들의 인지능력이 손상되지 않도록 자연을 충분히 느끼게 해 풍부한 감성에 빠져들게 만드는 것이다. 오감을 자극하는 자연관찰로 창의력과 사고력을 길러준다. 어릴 때 체득한 호기심은 이들이 성인이 되어 무슨 일을 하더라도 끝없는 탐구력을 발휘할 수 있게 하는 원동력이 되는데, 이것이 바로 오늘날 유태인들을 더욱 능력 있고, 강한 민족으로 만들고 있다는 것이다.

우리나라의 유치원도 최근, 자연과 함께하는 감성교육 프로그램을 도입하고 있다. 감성과 창의성의 중요성을 인식하고, 과거 한글이나 숫자 배우기 등 지식전달 위주의 조급한 교육에서 탈피하려는 노력이 시작된 것이다. 요즘 유럽에서는 자연관찰이 아이들의 사고력을 풍부하게 한다는 이유로 '숲 속 유치원' 운영이 유행이라고 한다. 우리 아이들에게도 자연 속에서 오감을 일깨우는 농촌체험학습을 더욱 폭넓게 실시하는 것이 필요하다. 이러한 자연 속 교육이야말로 정해진 답이 없는 세상에서 나름의 독창적인 답을 찾을 수 있게 할 것이며, 끊임없는 호기심 속 질문은 결국 더욱 심화된 지적(知的) 세계로의 진입을 가능하게 할 것이다.

오늘날 농촌에서 자연을 즐기면서 공부하는 아이들은 분명 미래에 감성이 풍부하고 창의성이 강한 사람으로 성장해 갈 것이다. 도시에서 자라는 아이들도 자연을 가까이 하도록 농촌을 자주 찾도록 하자. 주말농장, 시골마을 방문을 비롯한 농촌체험 활동은 치열한 경쟁사회가 될 수록 더욱 소중한 가치를 발휘할 것이다. 자연은 감성을 낳고, 감성은 호기심을 유발하며, 호기심은 끝없는 질문 속에 더욱 창조적인 인간을 만든다는 사실을 잊지 말자.

6. 자연과 함께하는 교육으로 하버드大 입학

2010년 4월 19일, 조선일보에 필자의 눈과 마음을 사로잡는 내용이 소개되었다. 하버드대학교에 전액 장학생으로 입학한 송하욱(19) 군에 관한 기사였다. 흔히들 말하는 명문대학 합격 스토리에 솔깃했던 것은 물론 아니다. 바로 송군이 미국으로 가기 전 초등학교 시절을 시골마을에서 보냈다는 특이한 이력에 관심이 갔던 것이다. 우리가 늘 주장하는 농촌가치의 한 단면을 훌륭한 사례로 입증하는 느낌의 글이었다.

송군의 부모는 아이에게 정신적인 풍요를 주고 싶다며 송군이 초등학교 시절 일부러 충북 제천의 시골마을에서 아들을 키웠나고 한다. 살아 숨 쉬는 자연 속에서 감성과 호기심이 더욱 충족되리라는 판단을 한 것이다.

부모의 용단에 부응이라도 하듯 송군은 봄 언덕을 누비며 쑥과 달래를 캐고, 가을 들판에서 메뚜기를 잡으며 건강하게 자랐다. 도시에서 사설 학원을 전전하는 대신, 촌(村) 구석구석을 헤집고 다니며 뛰노는 것으로 하루하루를 보내는 시절을 가졌다.

물론 이런 자유로운 양육에도 몇 가지 원칙은 있었다. 컴퓨터 게임과 TV시청을 엄격하게 제한했고, 노는 시간 외에는 책을 읽게 했으며, 클래식 음악이나 팝송을 틀어 놓아 항상 음악을 듣게 했다고 한다.

만약 메마른 콘크리트 숲에서 정서적 감정의 충족 없이 이러한 제한이 가해졌다면 그 아이가 받는 스트레스는 어마어마했을 것이다. 하지만 송군의 경우처럼 자연과 함께 즐기며 생활한 아이에게는 이러한 제약이 별로 대수롭지 않았을 것이다. 들로 산으로 뛰어노는 것의 재미를 알았는데, TV나 보며 간접체험을 한다면 따분함을 느끼게 되었을지도 모를 일이다.

송군이 미국 유수의 대학에 합격한 이유는 여러 곳에서 찾을 수 있겠지만, 항상 농촌·농업이 우선이라고 주장하는 필자에게는 역시 그 주된 비법이 유년기를 보낸 우리 농촌마을, 우리 자연환경에 그 이유가 있지 않나 싶다. 생명공학 분야가 전공이라고 하니 살아 있는 곤충과 식물들을 가까이에서 직접 관찰하며 호기심을 채웠던 농촌에서의 어린 시절의 체험이 장래의 직업에도 영향을 미치는 것 같다.

공부하는 것이 지겹고 짜증나는 '일'이 아니라, 신나고 즐거운 '놀이'로 여겨진다면 누구라도 송군 이상의 결과를 낼 수 있을 것이다. 아니, 그러한 결론과는 상관없이 그 과정에서 그 아이들은 충분히 훨씬 풍요롭고 창의적이고 행복한 인생을 맛볼 수 있을 것이다. 경쟁력 배양에 내공을 쌓으면서 신나는 삶을 살아가는 셈이다.

오늘날 농업·농촌이 하나의 커다란 교육 공간으로 떠오르면서 우리 농촌에도 '교육농장'이 속속 등장하고 있다. 살아 있는 생생한 자연에서 창조적·과학적·감각적 활동들을 전개하고, 이를 통해 교과서에 없는 것을 많이 느끼게 하자는 취지다.

도시어린이들이 주말 또는 방학 때 각박한 도시 삶에서 벗어나 '자연 박물관', '지붕 없는 교실'이라는 농촌마을을 자주 방문하도록 마을마케팅을 하자. 농촌체험, 자연체험, 전통체험을 통해 아이들은 자연스럽게 공부도 놀이가 될 수 있음을 경험하게 될 것이다.

이제 지능만으로 승부하는 시대는 지났다. 앞으로는 풍부한 감성이 뒷받침되어야만 사회를 이끌 인재로 거듭날 수 있다. 기계처럼 행동하라는 효율성만 강조하는 무미건조한 논리에서 벗어나, 인간과 자연의 소중함을 알게 하는 참된 교육이 절실하다. 이번 사례처럼 자녀교육에 농촌마을의 진가가 나타나고 있다는 사실이 언론을 통해 보도된다는 것은 참으로 좋은 일이다.

'자연의 위대함을 알고, 늘 겸손한 마음으로 살길 원했다'고 한 송군의 어머니 말씀이 그 어느 명언보다 가슴에 와 닿는 아침이다.

7. 농촌가치를 되새기는 체험

"아빠, 이 복숭아 정말 맛있네……." 말복더위가 기승을 부리던 2009년 8월 초순, 농림수산식품부 직원과 가족 130명을 초청해 농촌사랑지도자연수원 주관으로 마련한 농촌체험행사에 참여, 복숭아를 따 보던 농식품부 어느 직원 아들의 말이다. 바로 옆 개울가에서는 "엄마, 다슬기 잡았다!"고 난리다. 농촌 그 자체는 도시어린이들에게 신기함이고 산교육 장소였다.

도농교류 활성화로 도시민의 삶의 질 향상과 농가소득 증대를 위해 제정된 '도농교류촉진법'이 시행된 후 정책을 입안한 농식품부 직원과 가족이 농촌체험행사에 참여해 농촌사랑을 몸소 실천하는 시간을 가진 것이다.

도농교류촉진법은 체험·휴양마을사업을 통해 도시민의 농촌 방문을 유도해 농가소득의 증대를 도모하고자 제정됐다. 본 시행법이 발효된 지 얼마 안 되어 농식품부 가족들이 농촌현장을 직접 체험하며 의미를 되새겨 본 것은 여러 측면에서 시사하는 바가 크다.

이들은 1박 2일간 강원도 강릉시 주문진에 있는 복사꽃팜스테이마을과 양양군 서면의 해담마을을 찾았다. 이 두 마을은 1사1촌 자매결연 이후 교류가 활성화되고 결연기업체 임직원들로부터 두터운 애정을 받고 있는 마을이다. 한 번 들렀던 도시민은 여름휴가를 아예 정해 놓고 오는 곳으로 소문이 나 있는 곳이다.

복사꽃팜스테이마을에서는 복숭아·옥수수 따기, 다슬기 잡기, 허수아비 만들기 체험에 이어 저녁에는 농가에서 가족 단위로 민박을 하면서 농촌의 푸근한 인심과 더불어 농촌 실상에 관한 많은 이야기를 듣기도 하였다. 해담마을에서도 맨손으로 은어도 잡아보고, 뗏목도 타 보는 등의 체험은 물론 주민들과 농촌현안에 대한 대화를 많이 나눴다. 농식품부 직원들에게는 정책을 수립하는 입안자의 입장과, 농촌체험을 실제로 해 보는 소비자의 입장을 동시에 경험하는 소중한 기회가 됐던 것이다.

도시민들의 농촌 방문은 해를 거듭할수록 증가 추세다. 매년 여름이 되면 도시민의 농촌휴가가 부쩍 늘고 있다. 농촌마을이 휴가지로 정착화되어 가고 있는 사회적 흐름이 형성되고 있다.

농촌이 선사하는 쾌적함, 즉 어메니티 자원이 비로소 값진 것으로 대접을 받고 있는 모습이다. 각박한 도시나 외국에서의 휴가보다는 농촌에서 편안하게 쉬어 보자는 생각이 일반화되고 있다. 또 농촌은 자연학습과 더불어 농산물의 생육과정과 우리의 전통문화에 대해 배우는 산 교실로 자리를 잡아가고 있다.

더욱이 가족 단위로 이루어지는 농촌체험은 부모가 자녀들에 대해 교사 역할을 할 수 있어서 더욱 가치가 있다. 조기학습과 과외 등으로 경쟁에 내몰린 도시어린이들의 메말라가는 정서도 농촌체험을 통해 다시 되살릴 수 있는 것도 큰 이점이다. 농촌의 소중한 가치를 도시민들이 인식할 수 있도록 다양한 프로그램이 개발되기를 기대해 본다.

8. 녹색공간에서 '쉼'의 가치

삶에도 여백이 필요하다.

2010년 1월, 1박 2일 동안 휴가를 가졌다. 지난 연말 너무 바쁜 업무처리와 연초에 긴장을 주는 인사이동과 갖가지 행사로 인해 심신이 많이 피로했다. 술이나 여흥으로 기분을 풀 수도 있겠지만 뭔가 참다운 휴식을 갖고 싶었다. 편안하고 조용한 공간에서 성찰과 묵상으로 나 스스로를 대면하는 시간이 필요할 것 같았다. 또한 마음을 다독이는 독서의 시간도 갖고 싶었다.

자동차를 몰고 아내와 함께 모처럼 시골풍경을 보니 마음이 정갈해지는 느낌을 받았다. 농촌체험마을로 향하고 싶었지만 한파가 몰아친 날씨라 엄두를 못내 충남 예산의 한적한 농촌에 자리 잡고 있는 온천장 숙소를 찾았다. 가는 도중에 농촌마을의 허름한 식당에서 먹은 콩나물 비빔밥의 맛은 일품이었다. 거기에 주인아주머니가 참기름 몇 방울 떨어뜨려 주니까 더욱 고소한 맛이 났다. 농촌의 후한 인심 덕분이다.

숙소에서 여장을 풀고 판에 박힌 일상에서 벗어나니 부부간에 느끼는 애정도 평소와는 다른 듯했다. 마음을 비우니 마치 즐거움이 채워지는 기분이다. 역시 환경은 의식을 지배한다는 느낌이다. 평소에 바쁘다고 소홀했던 부부간의 대화도 더없이 소중하다는 것을 깨닫게 되었다. 참으로 중요한 일은 때때로 가족관계 등 가까운 일들을 소중히 여기고 곰곰히 성찰해 보는 시간을 갖는 것이라고 생각한다. 어리석은 사람들은 자신이 하고 있는 일이나 사회적인 관계를 통해서 자신의 존재감을 확인하려 한다고 한다. 나 자신도 모르게 어느덧 사회관계·금전관계 등에 너무 세속적으로 예속되어 가고 있지 않은지 말이다.

이번 휴가를 통해서 '쉼'의 본질이 무엇인지를 곰곰이 생각해 보게 되었다. 가장 중요한 것은 휴식을 취하는 자연환경이라고 느껴졌다. '쉼'의 가치에는 역시 자연의 역할이 근원이 되고 있다.

자연 속에서 오감으로 느끼고 내면의 세계를 충만하게 누리는 것이다. 농촌이 바로 자연의 품 안이다. 농촌은 숨 가쁘게 살아가는 현대인들에게 잠시 숨 돌릴 만한 쉼표를 찍어주는 곳이다. 도시민들은 맑은 공기와 푸른 자연이 있는 농촌으로 달려가고 싶어 한다. 미국의 저명한 신학자 조나단 에드워즈는 "우리의 사소한 근심과 의심들을 굴복시키는 자연의 고요함 속에는 분명 무엇인가가 있다. 짙푸른 하늘풍경, 그리고 무리 지은 별들은 마음의 평정을 전해준다"고 했다. 세계 최고의 갑부 빌게이츠도 휴식만큼은 조용하고 한적한 농촌이나 외딴 섬에서 보낸다고 한다.

여가는 노동의 대립된 개념이 아니고 상호보완적 개념이라는 것이다. 여가는 '휴식(Recreation)'과 '재창조(Re-creation)의 시간'으로 인식되고 있다. 건전한 여가문화는 삶의 질 향상과 노동생산성을 높이게 된다. '쉼'의 진정한 가치를 찾아서 농촌으로 찾아오는 도시민들에게 농업인들은 다음과 같은 서비스마인드를 가져야 한고 생각해 본다.

첫째, 방문객의 욕구를 이해해야 한다. 그냥 편히 쉬러 오는 고객, 단순히 농촌생활을 체험하기 위한 고객, 마을주민들과 삶의 얘기를 나누고 싶은 고객 등으로 분류할 수 있다. 각각의 선호에 따라 대응해 나가도록 해야 한다. 소비자의 취향에 따라 맞춤식 서비스를 제공한다는 마음가짐을 가져야 한다.

둘째, 농촌다운 휴식의 공간을 제공해야 한다. 그들은 시골의 정취를 느끼기 위해 찾아오고 있다. 술을 마시거나 여흥을 즐기기 위해서 오는 사람들이 아니다. 신선한 자연의 품에 안기려고 한다. 밤하늘의 별빛, 달빛을 보기 위해 올 수도 있다. 도시와 다른 세상을 느낄 수 있도록 분위기를 만들어 주어야 한다.

셋째, 역시 농촌의 인심이다. 포근한 마음으로 따뜻하게 맞이해 주어야 한다. 투박스런 고구마 하나, 감자 하나라도 그냥 구워주면 너무나 고마워한다. 그게 바로 매력을 끄는 농심이다. 편안하게 쉬어 갈 수 있도록 잠자리나 음식 제공에 배려의 마음이 필요하다.

이 밖에도 각박한 삶에 지쳐 참된 '쉼'의 공간을 찾으려는 도시민들에게 보다 전략적으로 어떻게 대응해야 할지 지혜를 모아야 한다. 사람들은 바쁘고 소득이 향상될수록 삶의 이유와 의미를 발견하고 확인하는 기회를 많이 가지려고 한다. 자연친화적으로 변해가는 여행문화에 모락모락 연기가 나는 우리 마을이 그들의 마음에 평화의 안식처가 되도록 노력하자.

9. 시골길의 상품화

요즘 '시골길'이 국내외적으로 명품화의 길을 걷고 있다. 캐나다의 '브루스 트레일'이라는 오솔길, 프랑스의 '산티아고 컴포스테라'라는 순례자 길, 일본 교토의 '시가노의 대나무 숲길' 등은 세계적으로 알아주는 시골길이다. 우리나라에서도 제주의 올레길, 지리산의 둘레길은 벌써 많은 체험객들이 몰려들어 인기를 끌고 있다.

언제부터인가 오솔길, 꼬부랑길, 골목길, 비탈길 등 시골의 정취를 자아내는 좁은 옛길들은 답답함과 미개발의 상징으로 여겨져 왔었다. '빨리빨리' 문화에 젖어 아름다운 골목길도 담벼락을 허물고 나무를 캐낸 후 도로를 확장하고 거기에 아스팔트를 깔곤 했다. 마치 휑하게 뚫린 넓은 도로가 만능인 것처럼 홀대 속에 좁은 길들이 사라져 버리곤 했다.

그런데 오늘날 시골길이 다시금 많은 사람들로부터 사랑을 받고 있는 이유는 무엇일까? 그것은 인간의 본능이 자연과 함께 공존하고 싶은 욕구를 막을 수 없기 때문일 것이다. 가파른 콘크리트 문화 속의 진입으로 인해 염증을 느끼고 숨 막히는 도시생활에서 탈피하고자 하는 바람인 것이다. 인간은 본디 땅을 밟으려는 욕구가 있다. 흙길을 밟아 땅기운과 호흡을 하게 되면, 온몸으로 퍼져드는 싱싱한 생명의 기운에 상쾌한 기분을 느끼게 된다. 마치 새가 하늘을 날듯, 두 발로 걷고 싶은 것은 인간의 본능이기도 하다.

이제 가치를 더해가고 있는 마을길을 찾고 만드는 노력이 필요하다. 숨은 길은 찾고, 끊어진 길은 잇고, 사라진 길은 되살리고, 없는 길은 만들어야 한다. '길'이라는 상품을 놓고 마을에서 어떻게 디자인해 나갈 것인가를 고민해야 한다. 예컨대, 마을의 돌담길과 어우러지는 꽃길, 자유와 낭만의 분위기를 연출하는 정자나무길, 숲과 함께하는 산소(O_2)체험길, 희망찬 새봄을 알려주는 개나리, 진달래가 만발하는 오솔길 등을 연상해 볼 수 있다.

경북의 심심산골 김천 옛날솜씨마을에서는 마을의 변화를 '담벼락'에서부터 시작해 보자는 운동을 몇 년 전부터 벌이고 있다. 그간 마을길이 돌담과 토담으로 새롭게 정비되어, 요즈음 많은 도시민들이 찾고 있는 아름다운 마을의 명소가 되고 있다. 길의 변화에서 도농교류활성화의 해답을 찾은 것이다.

마을의 골목길은 공동체 안에서 소통의 공간을 마련해주고 있다. 집 앞 대문을 나서면 이웃사람들을 만나게 된다. 자연스레 대화의 장(場)이 열리게 된다. 골목길로 인한 일상의 자연스런 대화 그 자체가 삶의 소통역할을 해주고 있다.

베스트셀러 『아웃라이어(Outliers)』에서는 공동체생활의 중요성을 이야기하고 있다. 미국 펜실베니아에 있는 '로제토마을'에서는 50대 이하의 주민들에게서 심장질환을 찾아볼 수 없다고 한다. 유전이나 음식과 같은 여타의 모든 환경을 고려할 때 다른 지역 사람들과 별반 다를 바 없었는데, 울프라는 학자가 오랫동안 연구한 결과 '사는 방식'에 차이가 있음을 알게 되었고, 서로 많은 대화 속에 가족이나 이웃끼리 신뢰하고 도와주는 문화가 건강과 연결될 수 있다는 연구사실을 발표했다. 이처럼 오손 도순한 시골의 공동체생활이 인간의 혈액순환도 원활하게 만든다는 것이다. 어쩌면 마을의 골목길은 대화의 장을 열어준 하나의 가교의 역할을 한 셈이다.

이제 시골길은 자연과 마을의 공존과 배려를 의미하며, 역사와 문화의 의미를 부여하고, 청량한 기분 속에 마음의 상처를 치유하는 길이 되고 있다. 자연스런 길에서 마음의 휴식을 찾고, 어릴 적 어머니 치맛자락에서 포근한 정서를 자아내는 듯한 기분을 느낄 수 있다. 골목길에서 소통의 장이 열리고, 화목과 평화로 가는 길이기도 하다.

마을길의 개발은 주민들의 삶의 질을 높이고, 도시민들이 즐겨 찾는 농촌사랑의 길이 될 것임에 틀림없다. 미래의 상품으로 떠오르는 시골길을 만들기 위해 지혜를 모아 보자.

10. 둘레길의 걷기 열풍

요즘 지리산 둘레길 주변 마을주민들이 짭짤한 민박소득으로 신바람이 나 있다. 둘레길 걷기의 열풍이 불고 있기 때문이다. 주말에는 방이 모자랄 정도로 고객들이 넘쳐 난다고 한다. 지리산 둘레에 걸쳐 있는 논둑길, 마을길, 고갯길, 숲길, 강변길을 따라 시골정취를 느끼며 걷는 것이 둘레길의 즐거움이다. 일부 구간들이 개통돼 뭇사람들로부터 많은 사랑을 받고 있다. 얼마 전 TV의 '1박 2일' 프로그램에서 둘레길이 소개된 후 더욱 많은 사람들이 몰려들고 있다고 한다.

2010년 10월 하순, 2박 3일 기간의 둘레길 체험은 농촌사랑 회원 대학생 40여 명과 봉사활동을 하면서 갖게 되었다. 전북 남원군 관내 체험마을인 달오름마을과 매동마을에서 가을걷이 마무리 작업이 끝나지 않은 팥 수확, 고춧대 뽑기 및 비닐 제거, 사과과수원 주변 정리를 하였다. 마을 주변의 쓰레기를 치우고 마을회관도 깨끗이 청소하였다. 진심 어린 봉사활동에 마을주민들은 감사함을 표시해 주었다.

필자는 이 행사에 참여하기 위해 서울에서 호남선 무궁화열차를 타고 내려갔다. 그런데 열차 안의 많은 승객들이 지리산 둘레길을 걷기 위한 배낭을 지닌 주부들임을 알고 놀라지 않을 수 없었다. 둘레길 팬들이 확산되고 있다는 느낌이었다.

이 행사로 인해 필자도 둘레길 3코스(남원군 인월리~함양군 금계리) 일부를 걷게 되는 기회를 가졌다. 울긋불긋한 지리산 숲길이 가을 정취를 한결 느끼게 만들어 주었다. 아기자기한 마을들의 형태와 정겨운 논과 밭의 모습은 평화로움 그 자체였다. 배낭을 멘 등산객들이 삼삼오오 짝을 지어 둘레길을 걷는 모습은 곳곳에서 쉽게 볼 수 있었다. 저 멀리 보이는 천왕봉과 노고단의 자태는 그 위용스러움이 대단하였다.

바야흐로 우리나라에도 걷기 열풍이 시작되고 있는 느낌이다. 제주도 올레길이 개발된 이후 시골길 걷기는 날이 갈수록 인기를 더해 가고 있다. 자연의 아름다움과 생명의 속삭임 그리고 느림(Slow)의 문화에 매료되는가 보다. 깨끗한 공기 속에 땅기운 냄새를 물씬 느끼며 생명의 근원을 느끼게 해준다. 자연만이 지닌 위대한 특성이다. 신선하고 상쾌한 청량제 같은 분위기는 뇌 속에 새로운 회로가 생겨 행복물질인 세로토닌이 많이 분비된다고 한다. 시골길 걷기 자체가 행복감을 생성해 주는 것이다.

심신단련을 위해서도 걷는 것이 일상화되어야 한다. 많이 걸을수록 배꼽 아래 하지근육이 튼튼해지고 뒷심, 뚝심, 뱃심이 생기고, 정력도 세진다고 한다: 걷는 자체가 보약이라는 것이다. 서구화된 식생활로 비만과 각종 질병에 시달리고 있는데 걷기 운동으로 다이어트 해 나가는 것이 최상의 비결이라는 것이다.

또 걷다 보면 많은 생각을 하게 되고 정리가 되기도 한다. 자신에 대한 성찰의 기회도 가지게 된다. 잘 풀리지 않는 문제도 걷다 보면 문득 좋은 생각이 떠올라 쉽게 풀리기도 한다. 아인슈타인의 상대성 원리도 걷는 중에 떠오른 생각이고, 톨스토이와 헤밍웨이는 방 안을 서성이며 원고를 썼다고 한다.

이제는 농촌마을마다 걷기 열풍에 준비를 단단히 해야 한다. 마을마다 등산로와 산책로를 만드는 것을 고민해 보아야 할 것이다. 마을 특성을 잘 살리면 된다. 논길, 밭길, 산길이 모두 산책로가 될 수 있고 등산로로 이어지는 좋은 길이 될 수도 있다. 의미를 잘 부여하고 가꾸어 나가면 훌륭한 시골길이 될 수 있다. 훌륭한 시골길로 명품마을을 만들어 보자. 많은 방문객이 찾아들 것이다.

이번 농촌봉사활동의 여정 속에 둘레길 체험은 농촌가치의 상품화에 더욱 진정성을 가져야 한다는 생각이 들었다. 시골길 걷기 트렌드는 우리 자신들에게 주는 시대적 선물임에는 분명하다. 다만 어떻게 준비하고 대응해 나가느냐가 중요하다. 농가소득과 어떻게 잘 연결시킬 것인가를 거듭 진지하게 고민해 보자.

11. 농촌밥상, 건강밥상

2010년 연초, 정월 대보름이라서 오곡밥과 묵나물 음식을 맛보았다. 올 한 해 행운과 가족의 건강을 빌어 보자는 의미로 별식을 해 먹는 우리 고유의 풍습이다. 하나둘씩 사라지는 전통문화이지만 그래도 잊지 않고 정월대보름 음식을 챙겨주는 아내에게 고마움을 느낄 따름이다.

오곡밥과 묵나물은 다양한 영양소가 풍부하지만 칼로리가 높지 않아 웰빙 건강식으로 인기다. 필자는 불안정 협심증으로 병원에 입원한 경험을 가진 이후부터는 가급적 채식 위주로 식사를 하고 있다. 채식은 혈액을 정화하여 깨끗한 피가 돌게 만드는 데 도움을 주기 때문이다. 혈액이 오염되면 세포가 활력을 잃고 병이 생긴다. 사람 몸의 혈관 길이는 10만㎞로 지구의 두 바퀴 반이나 된다고 한다. 깨끗한 피가 우리 몸 구석구석까지 막히지 않고 잘 공급돼야만 건강유지가 가능하다. 날이 갈수록 투박하고 조촐한 채식 위주인 이른바 '흥부밥상'이 인기를 끄는 이유도 여기에 있을 것이다.

질병의 원인을 몸 밖에서 찾을 것이 아니라 잘못된 식생활과 라이프스타일에서 우선 찾아야 한다. 암이나 혈관질환 등 현대병의 원인도 대부분 우리가 먹는 음식에서 출발한다. 세계는 지금 각종 가공식품에 길들여져 가고 있다. 이대로 갈 경우 비만 등으로 평균 10년의 수명이 줄어든다고 경고하고 있다. 이럴 때일수록 녹색 채소와 과일을 주로 먹고, 모든 곡물은 정제하지 않은 거친 음식을 먹는 것이 좋다. 아주 아득한 옛날의 '에덴의 식생활'을 권하고 있다. 숨가쁜 현대생활을 해 나갈수록 자연적이고 원시적인 식생활이 좋다고 채식주의자들은 강조하고 있다.

옛말에 '식약동원(食藥同源)'이라는 말이 있다. 먹는 음식과 약은 그 뿌리가 같다는 의미다. 음식과 약의 근본이 같다는 사상을 표현한 것이다. '음식이 보약'이라는 말이다. 그래서 우리 음식에는 '약'자가 붙는 경우를 흔히 볼 수 있다. 약밥, 약과, 약식, 약포, 약주 등 많이 있다. 잡곡밥도 종류가 많은데, 그 전형에 해당하는 것이 약밥이다. 선조들이 동네 뒷산에서 캐어 밥상에 올린 더덕, 도라지 등의 나물은 예로부터 한약재로 쓰여 한약을 먹는 것과 별 차이 없다고 했다. 농산물 이름에도 나름대로 의미가 있다. 복분자, 구기자, 오미자처럼 뒤에 아들자(子)가 붙은 것은 신장에 좋다고 한다. 신장이 튼튼해야 정력도 좋다. '복분자술을 마시면 요강이 엎어진다'는 우스갯소리는 그냥 나온말이 아닌 것 같다.

우리 농산물은 남다르게 영양소와 효험이 뛰어나다는 정평이나. 중국의 진시황제도 "불로초(不老草)를 캐러 저 작은 동방의 나라로 가자!"고 했다. 그게 바로 우리나라 농산물을 두고 한 말이다. 조계종 사찰음식점 총책임자 대안 스님은 풀과 채소 예찬론자이다. 그분은 "도토리 주워 묵 쑤고, 콩 불려 가마솥에 장작불 때 두부 만들고, 콩나물 기르면서 1,000일 기도를 하다 보니, 갑상선 질환이 감쪽같이 사라지고 체중도 정상으로 돌아왔다"고 한다. 현재 채식 위주의 사찰음식을 만들어 대중에게 맛 보이기도 하고 있다.

우리나라 농산물이 우수한 것은 기후와 토질의 우수성에 있다. 4계절이 뚜렷하고 대륙성 기후와 해양성 기후가 만나는 곳이고, 평야지대와 산간지대의 일교차가 크다. 이런 곳에서 자란 농산물은 자연히 '맛, 향기, 색깔, 영양가 등'이 뛰어날 수밖에 없다.

지금 세계적으로 슬로푸드 열풍이 불고 있다. 우리 음식에 대한 자부심을 가져야 한다. 선조들이 채소를 바탕으로 보존해 온 한식은 웰빙 건강식품이고 바로 슬로푸드 음식이다. TV 드라마 '대장금'과 '식객'이 한류열풍을 일으킨 것은 바로 매력적인 한국인의 밥상 때문이다. 우리의 밥상은 채소를 바탕으로 차려지기 때문에 오늘날 육식 위주로 먹는 서양인들에 비해 우리나라 국민의 비만이 월등히 적은 것을 알 수 있다.

농촌관광에서도 고객에게 가장 사랑받는 것이 먹을거리라고 생각한다. 지역마다 향토음식을 더욱 매력적인 상품이 되도록 살려 나가야 한다. 농촌을 찾아오는 방문객은 그 지역의 특산물로 만든 고유음식을 맛볼 때 더욱 가치 있는 정서를 느끼게 될 것이다. 마을마다 부녀회 중심으로 고유의 식단을 짜 보자. 우리 것이 가장 소중하고 세계적이라는 자부심을 가져야 한다. 반도체보다 더 부가가치가 높은 음식산업은 바로 각 지역의 전통 먹을거리에서 출발한다.

앞으로 경쟁이 치열해질수록 강한 전통문화의 정체성을 가지는 게 중요하다. 개성을 잃고 획일화될 때 영혼과 뿌리를 잃는 것이다. 우리의 전통음식도 정체성을 지키며 틈새시장을 겨냥해야 한다. 도시민들의 건강법을 우리의 전통음식에서 찾도록 지역 고유의 음식문화 살리기에 앞장서 보자. 우리가 먹고 있는 향토음식이 곧 건강밥상이다. 농촌과 지역을 사랑하는 향토애(鄕土愛)도 그 DNA는 결국 우리의 전통음식문화 속에 흐르고 있다는 사실이다. '고추장에 된장, 김치에 깍두기……'를 외친 '신토불이' 노래 가사의 의미를 되새겨 보고 우리 전통음식을 살려 나가도록 하자.

12. 귀농, 새로운 삶

요즘 TV 인기프로그램은 모두 농촌을 배경으로 하고 있다. 높은 시청률을 자랑하고 있는 KBS의 '1박 2일' 프로그램 등은 모두 농촌을 배경으로 하고 있다. 술집에서 소주잔을 기울일 때도 이들 프로그램들이 단골 메뉴의 화제로 등장하기도 하였다. 그만큼 농촌의 삶과 환경이 점점 국민적 정서에 부합되고 호소력이 있다고 볼 수 있다. 답답한 도시를 벗어나 농촌으로 놀아가고픈 현대인의 심리가 반영된 것이다.

이는 "TV 속 귀농 열풍"이라고 볼 수 있다. 농촌사랑운동을 전개하는 필자로서는 아주 반갑고 재미있는 현상이라고 느껴진다. 농경민족의 자손으로서 귀농은 어쩌면 자연스러운 회귀본능이라고 할 수 있다. 대한민국 사람이라면 누구든지 농촌으로 돌아가고자 하는 마음이 DNA 속에 각인되어 있는지도 모른다. 고향에 대한 향수는 늘 우리 몸속에 잠재되어 있다는 것이다.

요즘 사회적으로 보아도 귀농열풍이 트렌드를 이루고 있다.

필자는 최근 몇년간에 걸쳐 농협대학의 귀농교육과정에 참여한 교육생을 대상으로 '귀농인의 자세'에 대해 특강을 실시하기도 하였다. 주말임에도 불구하고 교육참가자들은 인생 2모작의 삶을 준비하기 위해 수업에 진지함을 보여주고 있다. 다채로운 이력에 고학력자도 상당히 많다. 성공적인 귀농을 위한 의지도 강해 보였다. 귀농의 주요 동기는 두 가지로 분류해 볼 수 있다. 하나는 농업을 희망적 직업군으로 간주하여 소득증대를 위해 전문적 농사를 짓겠다는 것이고, 또 하나는 은퇴직업인으로 노후생활을 한적한 시골의 전원생활을 하려는 경우이다. 삭막한 도시의 생활에 짓눌리다 보니 뭔가 새로운 삶의 가치를 찾으려는 심리적 욕구가 크다고 볼 수 있다.

하지만 귀농이 '장미빛 미래'를 보장해 준다고 할 수는 없다. 능률과 속도만을 중시하는 도시생활의 습성에서 벗어나 새로운 환경과 자연의 질서 속에 느림의 속도로 살아간다는 것이 쉽지만은 않기 때문이다. 도시에서만 생활하던 사람에게는 농촌에서의 삶이 여러 가지 면에서 어렵게 느껴질 수도 있을 것이다.

먼 곳의 풍경은 아름다워 보이지만 실제로 가까이서 보면 기대에 못 미치는 경우가 허다하다. '저 푸른 초원 위에 그림 같은 집을 짓고……'라는 노래가사를 읊으며 유유자적한 태도를 취하며 낭만적인 생각만 하다가는 실패할 수도 있다. 도시에서 간단한 식당 하나정도 창업한다는 생각을 하다가는 큰 코 다친다는 것이다. 혹자들은 이민만큼 어렵다며 단단한 각오를 가져야 된다고 강조한다. 성공적인 귀농을 위해서는 남다른 각오와 철저한 준비가 필요하다는 얘기다.

필자는 다시 '농(農)으로' 돌아가려는 '귀거래사'의 흐름에서
농촌과 자신의 역할에 대해 새로운 관점에서 생각해 볼 필요성
이 있다고 생각한다. 귀농의 성공 여부를 떠나 '농업인 삶의 가
치'에 대해서 재음미해 보자는 것이다. 자연, 식량, 환경, 생명과
학, 평화, 아름다움 등 농업·농촌이 보유하고 있는 가치와 철
학 속에 자신의 역할의 관점에서 자부심을 가져 보자는 것이다.

섬진강 시인 김용택 님은 '내 인생의 길가에 강이 있었다'라
는 글에서 농업인들의 삶에 대한 가치와 역할에 대해 남다르게
표현을 하고 있다.

> 가난한 농부들의 몸짓을 보며 나는 살았다.
> 농부들은 삶이 자연이었다.
> 농부들은 위대한 시인이었고
> 철학자였으며 화가였으며 생태학자였다.
> 그들은 자기를 살리고 세상을 살려내는 힘을 갖고 있었다.
> ......

이는 다각적인 면에서 농업인들의 훌륭한 삶의 가치를 시사
해 주고 있다.

귀농을 위해서는 무엇보다 환경과 생명을 중시하는 가치관
을 가져야 한다. 농촌으로 돌아가는 것이 단순히 농사를 짓거
나 거기에 사는 것이 전부가 아니라, 농촌으로 돌아가 어떤 마
음과 가치관을 갖고 살아가느냐가 중요하다. 단순히 어디에서

사느냐의 문제가 아니다. 몸담고 있는 농촌과 일하고 있는 농
업에 스미어 있는 가치를 진정으로 깨치려는 적극적이고 열린
자세가 필요하다.

창의력 무한도전

- 창의력을 키워라 -

창의력 무한도전
- 창의력을 키워라 -

1. 청산(靑山) 속의 창조정신

살으리 살으리랏다
청산에 살으리랏다

머루랑 다래랑 먹고
청산에 살으리랏다

청산별곡 중 하나로 고려가요인 이 시는 운(韻)의 효과로 듣기만 해도 경쾌하고 마음에 평화가 깃드는 느낌이다. 물질적인 가치관을 버리고 그저 소박하게 살아가는 맛이 절로 든다. 경쟁, 탐욕, 아집을 버리고 자연, 평화, 자족을 즐기는 삶 말이다.

뭇 사람들은 급속한 도시화 속에 삶의 여유를 찾으려고 한다. 각박하고 짓눌리는 느낌의 도시생활을 벗어나 마음과 생활의 청산을 찾아 나서 보자는 것이다. 그 청산은 우리가 몸담고 있는 바로 농업·농촌이다. 요즘 도시민들에게 주말농장이 인기가 높고, 귀농에 대한 사회적 관심도 부쩍 증가되고 있다.

선진국에서는 '텃밭 가꾸기' 열풍이 불고 있다. 미국, 일본, 유럽 등지에서는 사회지도층 인사들이 텃밭을 가꾸면서 식량자급의 중요성과 자연의 가치에 대한 소중함을 국민들에게 인식시켜 주고 있다.

자연과 함께하는 삶 어쩌면 인간이 지향하는 귀착점일지도 모른다. 철학자 루소도 "자연으로 돌아가라"는 명언을 남겨 자연의 가치를 일찍이 설파하였다. 도시와 대비되는 농촌의 자연환경, 여유, 소박함, 정(情), 향수 등이 도시민들의 감성을 자극하고 있다. 그게 농촌이 가진 본연의 모습이다. 누구나 인간의 본성인 영원한 마음의 고향인 농촌을 그리워하기 마련이다.

'머루랑 달래랑 먹고……'

생각만 해도 침이 절로 넘어간다. 머루와 달래는 우리나라의 대표적 야생과일로 달콤한 맛이 난다. 필자는 2010년 여름, 귀농교육과정에 입교한 도시민들과 함께 파주 감악산 산자락에 있는 산머루체험마을을 방문하였다.

이 마을에서는 30여 년 전부터 산머루 재배를 시작, 특화작목으로 육성해 많은 농가소득을 올리고 있다. 처음에는 무슨 소득이 되겠느냐고 핀잔과 냉소 가득한 분위기였지만 이제는 인근마을까지 소득작목으로 정착시켰다. 3년 전에는 산머루와인공장까지 설립하였다. 땅 밑의 터널 속 보관대에 즐비하게 놓여 있는 와인의 모습은 일대장관이었다. 와인제조체험프로그램도 실시하고 있는데 인기가 꽤 높다고 한다. 최근에는 마을에 찾아오는 손님들이 부쩍 늘어 펜션, 야영장까지 들어서 체험휴양마을로 인지도를 높이고 있다.

산머루 하나를 가지고 생산, 제조, 판매, 체험, 휴양에 이르기까지 한 마을에서 이루어지고 있다. 당연히 농업의 부가가치가 높아 소득이 올라갈 수밖에 없다. 마을에 젊은이들이 꾸준히 몰려들어 애기 우는 소리가 점점 많아지고 있다. 예쁜 새색시도 청산의 삶 속에서 꽃피우는 행복의 파라다이스에 미소를 머금지 않을 수 없을 것이다. 자연과 더불어 살면서 더욱 창조적인 태도를 지향한다면 농업에도 나아갈 길이 많을 것이다.

2. 솔로몬의 지혜를 찾는 여성 CEO

이들이야말로 억만금의 재산보다 진정 한 줄기의 꿈에 몸 바치는 분들이라고 말하고 싶다. 자신이 가는 길에 삶의 에너지와 열정이 넘치는 분들……, 바로 여성 CEO이다.

2009년 가을, 자매결연을 한 창업여성농업인과 여성기업인들 50여 명이 농촌현장 포럼을 가졌다. 우리 농산물에 여성기업인들의 아이디어 접목으로 부가가치 효과를 높여 보자는 것이다. 이미 상호 결연으로 포도, 배, 딸기, 오미자 주스, 전통한과, 전통장류, 인삼제품, 메밀국수, 천연다시다, 죽염, 화훼, 뽕잎 한우고기 생산과 천연나노기술 연구 등이 진행되고 있다. 농업과 기업경영의 결합으로 시너지효과가 나타나고 있는 것이다. 한

국여성발명협회 회원들도 많이 포함되어 있었다. 그날 밤 열두 시가 넘어도 토론의 장은 끝이 나지 않았다. 농업의 무한한 발전 가능성과 위대한 여성의 힘을 발견하는 기회를 엿볼 수 있었다.

포럼기간 중 선진지 견학을 하였는데, 잡곡을 종류별로 배합하여 소비자의 입맛과 건강식으로 호평받고 있는 '광복농산물유통', 소에게 음악을 들려주고 축사 주변에 아름다운 꽃을 심어 소의 감성을 부드럽게 해주고 있는 '달리아 농장', 초콜릿 하나에 동서양의 콘셉트로 인삼초콜릿 개발과 전통 옹기에 초콜릿을 담아 제품화시킨 '本情(본정) 초콜릿', 2만여 평의 배 밭에서 매년 배꽃축제와 배따기 축제를 개최하고 품질 좋은 배 맛에다가 예술문화를 접목한 '현명농장' 등에서 농촌의 희망을 엿볼 수 있었다. 농업의 부가가치를 높이는 솔로몬의 지혜는 끊임없는 생각과 그리고 땀과 눈물로 잉태된다는 진리는 변함이 없는 것 같다.

그렇다. 엄마라는 이름의 위대한 경영자인 'MOM CEO'에게는 비전이 있었다. 그 꿈은 '삶의 이유'이고 '생존의 영양소'라는 사실이다. 비전이야말로 누구에게나 생동감을 불러일으키는 에너지이다.

기업가 정신은 이제 남성만의 전유물이 아니다. 감성시대로 접어들수록 여성의 섬세함과 부드러움이 더욱 소중한 가치가 되고 있다. 우먼파워 시대에 여성의 진가를 당당히 발휘해 세상의 중심으로 다가서자.

3. 변화무쌍한 콩

> 콩타작을 하였다.
> 콩들이 마당으로 콩콩 뛰어나와
> 또르르 또르르 굴러간다.
> 콩 잡아라 콩 잡아라.
> 굴러가는 저 콩 잡아라.
> 콩 잡으러 가는데
> 어, 어, 저 콩 봐라. 쥐구멍으로 쏙 들어가네
> 콩, 너는 죽었다.

이 동시를 읽는 순간 동심의 세계로 돌아가는 익살스런 맛이 난다. 도리깨로 콩타작을 할 때 작은 콩이 잘도 튀어 굴러가는 시골의 소박하고 정겨운 풍경이 연상된다. 한 톨의 콩이 나중에 쥐밥이 되었을까 하는 여운을 남기지만 너그러운 농촌 인심을 나타내 주는 듯하다.

2010년 여름 어느 일요일 저녁, 아내와 함께 모처럼 콩사랑 전문식당에서 저녁식사를 했다. 하루 전 토요일부터 도시민들을 모시고 1박 2일 귀농교육을 진행하느라 일요일 오후가 되어서야 집에 돌아왔다. 아내에게 미안한 마음에 외식을 제안하고 식당에 가서 다양한 콩요리를 보니 콩 하나로 얼마나 많은 요리가 가능한지를 깨닫게 되었다. 두부를 비롯해 콩국수, 콩수제비, 콩비지두부전, 콩도너츠, 콩찰떡, 콩스테이크 등 메뉴가 다양했다. 콩의 무한 변신은 끊임없이 이루어지고 있다.

게다가 콩은 발효식품으로서 메주로부터 시작하여 된장, 간장, 고추장으로까지 변신한다. 더 나아가 콩의 이소플라본이라는 영양소는 화장품과 의약품 성분으로 이용되기도 한다. '콩알만 한 게 뭐 까부느냐'는 농담도 있지만 알고 보면 콩알만 한 게 큰일을 내고 있다. 콩은 영양학적으로 '밭의 고기'라고 불릴 정도로 단백질이 풍부한 농산물이다.

이처럼 우리가 농촌에서 하고 있는 일들이 콩처럼 작은 것으로 여겨지더라도 그 숨은 가치는 무한하다. 보잘것없는 작은 것도 콩처럼 다양한 변화를 추구하면 새로운 가치사슬이 형성된다. 신념을 가지고 끝없는 생각과 노력을 기울여 보자. 농업은 분명 과학산업이고 창조산업이다. 콩처럼 작은 농산물에도 무한진화하는 생명력을 갖고 있다. 농업을 바라보는 중단없는 지혜의 창을 새롭게 가져보자. 콩처럼 옹골차게 자부심을 갖고 늘 변화하는 자세로 살아가면 미래학자 앨빈 토플러가 말한 것처럼 21세기의 꿈의 사회는 농업에서 펼쳐질 것이다.

4. 귀뚜라미는 모르는 쌀의 슬픈 연가

섬돌에 서리 차네
겹옷을 입네

가을은 슬픈 계절
귀뚜라민 몰라

안방에
밤 길어지니
그거나 좋다 하지

오곡백과가 결실을 맺는 가을은 풍요의 계절이다. 황금들녘의 묵직한 벼이삭과 토실토실 살이 찐 알밤, 발갛게 물이 든 홍시 등을 보면 가난한 자도 마음부자가 되는 시절이다. 그러나 가을이 되면 풍년농사로 그동안 땀 흘린 보람으로 더욱 편안하고 즐거워야 하는데, 추곡가격 문제로 걱정이 앞서 있는 것 같다.

쌀의 수확량은 늘었지만, 최근 식생활 변화 등으로 넘쳐나는 쌀이 제값에 거래되지 못하고 있다. 수확의 기쁨으로 덩실덩실 어깨춤을 추어야 할 판에 이런 안타까운 현실로 인해 '가을은 슬픈 계절'이라고 탄식했던 시인의 마음이 가까이 와 닿는다. 제 자식처럼 키운 쌀이 불청객 취급을 받는 현실에서 애가 타는 농심을 외면한 채 경제논리로만 논농사를 대하려는 세태는 과연 아무것도 모른 채 추일(秋日)서정을 노래하는 한심한 귀뚜라미와 다를 것이 무엇일까?

쌀은 우리 한민족의 반만년 역사를 이어온 생명의 원천이다. 민족의 혼이 담긴 식품이다. 언제 식량파동으로 쌀이 다시 귀한 대접을 받을지 모른다. 쌀 산업이 무너지면 농업이 무너진다. 논의 담수역할, 수질정화, 습지 생태계 유지 등 그 가치는 이루 말할 수 없다. 어느 나라든 농업이 무너지면 곧 망국의 길로 치달았다. 소련도 세계 최초로 인공위성을 쏘아 올렸지만 결국 빵 한 조각이 국민들에게 제대로 공급되지 못해 그게 도화선이 되어 무너지고 말았다. 먹는 것이 안정되지 않으면 국민들의 민심은 사나워지기 마련이다.

쌀 산업을 살려야 한다. 밀가루 소비에서 쌀 전성시대로 만들어야 한다. 쌀라면, 쌀국수, 쌀막걸리 등 쌀 가공식품을 적극

개발해야 한다. 서양식 빵과 고기는 성인병과 비만으로 국민건강을 해친다는 것을 강조해야 한다. 쌀 소비를 늘리는 것도 중요하지만 우리 농업인들도 논에 콩, 찰옥수수 등 작물재배로 소득을 다변화하는 것도 필요하다. '쌀 맛 나는 세상'을 만들도록 다함께 지혜를 모아야 한다. 그래야 가을밤의 귀뚜라미도 제대로 노래할 자격이 있지 않겠는가.

5. 발상의 전환과 역치효과

2009년 4월, 강원도 태백에서 마을현장교육이 있었다. 모처럼 시간을 내어 동료교수와 함께 태백시를 가게 되었다. 길가의 차창 밖에는 흐드러지게 핀 개나리, 벚꽃, 목련 등 봄의 아름다운 여신들은 탐스럽기 그지없었다. 소박하게 만개한 벚꽃의 군상들은 눈이 부실 정도로 화사한 모습을 보여주고 있었다. 앞으로도 제발 시들지 말고 쭉 피어 있었으면 얼마니 좋으련만……

태백 하면 고원지대로서 산과 물 그리고 아름다운 자연이 함께 어우러져 심신을 달래주는 휴양관광지라고 할 수 있다. 백두대간의 중추인 민족의 영산으로 일컬어지는 태백산이 있기 때문이다. 봄에는 철쭉이, 여름에는 울창한 수목이, 가을에는 형형색색의 단풍이, 겨울에는 '주목'에 핀 눈꽃과 설경으로 사계절의 싱그러움을 느낄 수 있는 곳이다. 한강의 발원지라는 검룡소와 낙동강 1,300리의 발원지라는 황지연못이 있다. 생명의 근원인 물길이 뻗는 발원지이다. 해발 650m 이상의 고지대로 맑고 청청한 환경 속에서 자란 한우와 산나물과 산약초는 주요 특산물이기도 하다.

우리 연수팀이 현장교육을 위해 찾은 곳은 태백시 남쪽에 위치한 동점동(銅店洞)이라는 마을이었다. 이 마을은 강원도에서 실시하고 있는 '새농어촌건설운동'의 일환으로 추진하고 있는 체험마을가꾸기사업에 참여하기 위해 교육을 실시하게 되었다.

필자가 놀라지 않을 수 없었던 것은 이 마을에는 혐오시설이라고 치부될 수 있는 오폐수시설이 위치하고 있음에도 마을주민들은 친환경체험마을로 가꾸어 보겠다는 야심찬 계획을 가지고 있다는 것이다. 교육에 참석한 70여 명의 주민들께서는 단결력이라도 과시하듯 빨간색 조끼의 유니폼을 입고 있는 모습은 마냥 진지하기만 했다.

당일 마을현장교육도 오폐수처리시설을 관리하는 '태백시 수질환경사업소'의 회의실에서 개최되었다. 하수처리장은 기피시설이 아니라 도시민들이 찾아와서 즐기고 휴식하는 공간으로 꽃을 피워 보겠다는 것이다. 자연생태마을로 가꾸어 도시민을 유치하는 마을이 되겠다는 것이다. 족구장, 배드민턴장, 어린이놀이터 등 스포츠시설도 갖추고 야외결혼예식장도 만들어 문화적 공간을 만들어 보겠다고 한다. 물의 정화에 대한 상식을 돕기 위해 교육공간으로도 활용하겠다는 것이다. 어려운 여건임에도 불구하고 마을주민들의 창조적이고 도전적인 자세가 대단함을 느낄 수 있었다. 의식과 발상의 대전환이라고 볼 수 있다.

다행히 이곳 주변은 구문소(求門所)라는 천연기념물이 있는 곳이다. 황지에서 발원한 물이 구문소를 통과하여 낙동강으로 흘러드는 갑문으로 많은 전설을 간직하고 있다. 맑고 깨끗한 물에 감탄을 하지 않을 수 없었다. 5억 년 전 고생대 신비를 간직한 이 구문소는 전국에서 고생대 지층이 가장 잘 보존된 지역이라고 한다. 자연변천사의 소중함과 자료를 보존하기 위해 '자연사박물관'을 건립 중에 있기도 하였다. 또 인근에 자동차 경주장인 '레이싱파크'가 있어 스릴과 박진감을 흥미진진하게 맛볼 수 있는 공간이 있기도 하다.

이 마을이 처하고 있는 열악한 조건들을 극복해 나간다면 마을 주변에 잠재되어 있는 우수한 가치들이 잘 엮이게 돼 더욱 훌륭한 명소가 될 수 있을 것이다. 개인이나 기업의 발전에 있어서 '역치효과(閾値效果, Threshold Effect)'라는 것이 있다. 이는 '문지방 효과'라고도 하는데 어떤 한계치인 문턱을 넘어서게 되면 단단한 성공의 길로 진입하게 된다는 의미다. 문지방을 넘기까지의 어려움만 잘 극복하면 그 다음 맞이하는 것들은 플러스적 요인들로 더욱 상승작용을 하게 된다는 것이다.

이번 마을현장교육을 통해서 주민들의 단합된 의지로 체험마을을 한 번 만들어 보겠다는 의지가 강렬함을 느낄 수 있었다. 주민 스스로 의지와 참여에 의한 내발적 추진요소는 행정기관이나 농협 등의 외발적 힘을 불러올 수 있는 동력이 될 수 있다. 서로 파트너십이 잘 형성될 때 더욱 탄력 있는 발전을 도

모할 수 있을 것이다. 동점동마을이 머지않은 장래에 아름다운 꿈의 자연생태공원으로 태어나기를 기원해마지 않는다.

6. '나뭇잎'으로 변화를 가져온 마을

가을의 끝자락에서 낙엽이 발에 채이는 계절이다. 낙엽을 밟으며 훌훌 벗어 던지는 자연의 모습에서 갖가지 상념에 잠길 수 있다. '떠나버린 첫사랑', '세월 무상', '쓸쓸함' 등 다양한 느낌이 떠오를 수 있다. 또 낙엽을 청소하는 사람들에게는 성가신 존재일 수도 있다. 이처럼 하나의 낙엽을 놓고도 백인백색의 생각을 가질 수 있다.

하지만 요즘 칠순 할머니들이 버려진 나뭇잎을 팔아 돈을 톡톡히 버는 마을로 소문나 감동적인 스토리 마을이 있다. 일본 도쿠시마현에 있는 가미카츠마을이다.

여느 산촌처럼 젊은이는 떠나고 노인들만 남은 산간오지마을이다. 이 마을의 고령자들이 벌인 나뭇잎 사업은 일본 요리를 아름답게 장식하는 나뭇잎이나 꽃, 산나물 등을 계절에 맞춰 채집해 청과물 시장에 출하하는 것이다. 나뭇잎으로 아름다움을 채색한다는 의미에서 '주식회사 이로도리(彩)'라고 붙였다.

이 마을이 1986년부터 시작한 이 사업에는 현재 180농가가 참여하고 있고 매년 2억 6,000만 엔(약 30억 원)의 수입을 올리는 정도로까지 성장해 나뭇잎 비즈니스 모델로 각광받고 있다. 할머니들이 매일 산과 계곡에서 채취하는 갖가지 나뭇잎과 들

꽃은 다양한데 단풍잎에서부터 감나무잎, 댓잎, 연잎 등 종류만 320여 가지에 이른다고 한다. 산골의 정취가 묻어 있는 나뭇잎은 고급 요릿집, 호텔, 여관 등에서 주로 요리 장식용으로 사용된다.

나뭇잎 사업을 생각해낸 것도 이 마을의 노인이나 여자들이 할 수 있는 사업이 없을까 계속 고민한 결과다. 나뭇잎은 가벼우니까 할머니들도 따기 쉽고 인근 산에서 얼마든지 구할 수 있기 때문이다. 또 농협직원들은 고령자들이 쉽게 사용할 수 있는 컴퓨터 프로그램을 개발하고, 개인별 판매상황을 공표해 경쟁심을 유발하기도 하며, 도시 요릿집이나 호텔과의 유통을 중개하는 역할을 한다. 이 사업이 계속적으로 성공하고 있는 이유는 독특한 아이디어를 갖고 마을 고령자들의 참여를 조직화하고 가마가츠농협 직원들의 측면지원이 컸다고 이 마을지도자 요코이시 토모지가 쓴 「기적의 나뭇잎 이로도리」에서 전하고 있다.

이제 이리도리 사업은 "나뭇잎으로 돈을 버는 할머니들의 사업"이라고 널리 알려져 지구촌 사람들이 견학을 올 정도가 되었다. 이 마을의 한 할머니는 "가을과 함께 붉게 물들어 가는 감나무 잎을 보면 빳빳한 지폐처럼 보인다"라고 말한다. 무심코 지낼 수 있는 나뭇잎이지만 발상의 전환으로 황금이 될 수 있다는 가능성을 나타낸 것이다. 최근에는 이끼가 낀 돌멩이, 밤송이, 매화 꽃봉오리 등을 주문하는 고객도 늘어나고 있다고 한다. 자연이 보물이 되고 있는 셈이다.

이 마을의 비전은 '나뭇잎 비즈니스'로 세계로 뻗어 나가는 것이라고 말하고 있다. 고급요리 장식용 나뭇잎 분야에서는 일본 전체 시장의 80%를 점유할 만큼 시장의 신뢰를 얻고 있다고 한다. 주민들이 주체가 돼 기업적 생산성이나 영리 추구 원리를 차용해 마을이나 지역의 문제를 스스로 해결하고 삶의 질을 높이는 활동을 커뮤니티 비즈니스(Community Business)라고 하는데, 이 마을에서는 이런 원리를 잘 활용하고 있는 셈이다. 무궁무진한 농촌자원 속에 하찮은 것이라도 의미와 가치를 부여해 성공한 사례이다.

농촌이 고령화가 되고 있다고 실망을 해서는 안 된다. 거기에서 새로운 희망의 씨앗을 찾아야 한다. 가미카츠 마을에서는 2007년부터 노인정이 폐지되었다고 한다. 연세 드신 분들이 바빠서 쉴 틈도 없고, 또 바빠서 아플 틈이 없을 정도로 진료소에 다니는 사람들이 많이 줄었다고 한다. 일거리가 신바람을 불러 일으킨 덕분이다.

'이제 나이가 들어 무엇을 해도 안 돼'라는 체념보다는 돌아가시는 그날까지 아름다운 삶을 위한 꿈의 씨앗을 뿌려야 한다. 그게 여생을 신바람 나게 만들고 후손들에게 자랑스러운 일이며 지역을 회생시키는 길이다. 우리 모두 일하는 사회를 만들어 가자. 그게 어두운 농촌을 희망의 농촌으로 만들어 가는 길이다.

7. 변화하는 유럽의 농촌

주민들 스스로 '지상낙원'이라고 말하는 독일 중부지방의 말케스 마을. 유럽풍의 가옥·나무·꽃들이 조화롭고, 개울가에는 숭어·산천어 등 1급수에서만 서식하는 물고기들이 놀고 있는 쾌적한 마을이다.

2007년 11월, 농촌사랑지도자연수원 교육수료생을 중심으로 구성된 유럽 농촌현장견학 연수단 29명이 얼마 전 이 마을에 도착했을 때, 주민들은 일제히 나와 반갑게 맞아주었다. '꼬레아' 하면서 환한 웃음으로 포옹까지 해줬다. 친절함이 무엇보다 돋보였다. 마을 안내에 이어 마을회관에서 벌어진 환영 파티에는 주민들이 직접 구운 빵과 음식으로 우리 일행을 대접해줬다. 마을 어린이 열다섯 명으로 구성된 율동단원들이 춤을 추는 모습은 감동 그 자체였다. 생동감이 넘쳐흐르는 농촌 분위기였다. 마을 환경도 중요하지만 '주민 화합'이 가장 큰 덕목이며 자랑거리라고 촌장은 말했다.

또 다른 농촌지역을 둘러보면서 독일의 농촌관광은 마을별 관광 주제를 스스로 찾아가고 있다는 느낌을 받았다. 어린이 체험학습을 위한 교육농장, 연약해지는 현대인들에게 야성을 키워주겠다며 건초로 된 침상 위에서 잠을 자게 하는 목장야영 체험프로그램, 시각장애인을 위해 오감을 느끼게 하는 체험농장 등 여러 가지 테마를 가지고 도시민들을 유치하고 있다.

다음 방문지인 프랑스는 유럽에서 자치제가 가장 발달된 나

라다. 마을개발도 주민들의 의지가 담긴 사업계획서가 중요했
다. 마을 개발은 보통 10년이 걸린다. 1년 동안은 견학과 토론
과정을 통해 주민 합의를 도출하고 이후 9년 동안은 중앙정부
나 지방자치단체의 지원을 받아 사업이 실시된다. 마을개발을
시작하기 전에 많은 토론과 검토를 거치는 것을 보면서 마을개
발사업에 대한 철저함과 장기적인 시각에서 최대한 시행착오
를 줄이려는 노력이 대단하다는 것을 느낄 수 있었다.

특히 농촌관광사업이 농촌의 진정성과 향토성의 가치를 중요
시하고 있다는 것을 느꼈다. 순수하게 농가들로 구성된 프랑스
농촌관광민박협회 (BAF)에 가입한 회원들의 대문 앞에는 '어서
오세요, 우리 농가'라는 스티커가 붙여져 있다. 가입 농가들은
협회에서 정한 품질규약을 철저히 지켜야 한다. 식탁 위의 50%
이상은 농가에서 직접 생산한 농산물이어야 하며, 나머지는 인
근 농가에서 경작한 농작물이어야 된다. 절대로 시장에서 구입
한 농산물로 식탁을 차려서는 안 된다는 규율이 있다. 농촌민박
의 참된 의미를 되새기게 해 주는 것 같았다.

유럽의 마을 개발은 주민들의 삶의 질 향상을 목적으로 하면
서, 이를 자연스레 농촌관광으로 연결시키고 있다. 이를 통해
마을의 소득원으로 자리 잡게 하는 것이다. 유럽도 지금까지는
개별 농가 중심의 농촌관광이 주류를 형성해 왔다. 하지만 앞으
로는 서로 연대의식을 갖고 마을 개발을 함께하여 아름다운 농
촌마을 그 자체가 도시민들에게 매력적인 장소로 부각 되도록
노력해 나간다는 것이다. 우리도 마을 주민들의 진지한 논의와

열정을 담아 미래 지향적인 마을개발에 더욱 매진해 나가야 되
겠다는 생각이 들었다.

8. 살아가는 힘을 만드는 '고민'

"청천 하늘엔 잔별도 많고, 이네 가슴엔 수심도 많다"는 진도
아리랑의 한 대목이다. 이처럼 우리 한민족은 고민이 많다는
것을 시사 주고 있다. 고민의 내용은 사람에 따라 천차만별이
겠지만 세상에 고민 없는 사람은 없을 것이다. 부처님께서도
'삶은 고해(苦海)의 바다'라고까지 했다. 농사를 짓는 우리들도
고민에 쌓일 때가 많다. 농사는 하늘과 함께 짓다 보니 자연재
해도 많다. 때로는 많은 피해로 망연자실해 부부가 부둥켜안고
울 때도 있다. 그러나 그 아픔은 이루 말할 수 없지만 고민 끝에
살아갈 힘을 찾아내곤 한다. 고민 끝에 새롭게 얻는 힘이 더욱
강할 수도 있다.

근년에 일본에서 한국인인 도쿄대 강상중 교수가 쓴『고민하
는 힘』이라는 책이 나와 세간의 관심을 끌었었다. 일본에서 베
스트셀러로 신드롬을 일으키기도 하였다. 고민은 생각하는 힘
을 주고 삶에 에너지를 불어 넣어 준다는 것이다. 고민의 종류
도 자신의 정체성 확립부터 시작해서 가족, 돈, 농사, 건강, 사
랑, 대인관계 등 다양한 주제로 결부될 수 있다.

필자도 개인적 또는 업무적인 일로 고민을 할 때가 많다. 하
지만 시간과 더불어 생각을 하다 보면 해결책이 나온다. 영화

「바람과 함께 사라지다」의 마지막 부문에서도 '내일은 내일의 태양이 뜬다'고 했다. 새로운 기회는 얼마든지 맞이할 수 있다는 의미다.

마을개발사업도 마찬가지다. 앞서서 일하는 분들에게는 많은 고민을 가질 수도 있다. 개인적인 것이 아니고 공동의 일이 되다 보니 이해관계에 얽혀 풀어야 할 과제가 한두 가지가 아니다. 하지만 그 고민 자체가 해결을 모색해가는 과정이다. 나중에 보면 일이 더욱 탄탄해질 수 있기 때문이다.

인생의 깊이를 알기 위해서도 고민은 필요하다. 위대한 사람들은 수많은 고뇌 속에서 큰일을 해냈다. 강물에 발을 담그지 않고서는 어찌 물의 깊이를 잴 수 있겠는가. 진정한 행복은 고민 속에서 나올 수 있다는 것을 다시금 되새겨 보자.

9. 생각의 씨앗을 뿌려라

2009년 8월, '마을지도자 심화과정' 교육프로그램 운영에 따라 1백여 명의 마을지도자들을 모시고 경기 포천에 있는 '아트 팜(Art Farm) 마을'을 방문하였다. 아트 팜은 30여 농가의 조그마한 산골마을로 아늑한 정취가 풍겨나는 전형적인 농촌마을인데, 체험마을로 활기가 넘쳐났다. 낙농체험마을답게 곳곳에 젖소의 조각상과 푸른 잔디밭에 놓여 있는 마을체험관은 더욱 정겨워 보였다. 우리 연수생 일행을 맞이하는 주민들의 얼굴에는 미소가 넘쳐나고 있었다.

　이 마을은 필자가 처음 방문한 곳이었는데, 마을대표로부터 현황설명을 듣고 참신한 아이디어로 빠른 발전을 이루고 있다는 사실에 깜짝 놀랐다. 이 마을은 3년 전만 하더라도 아주 한적한 오지마을로 옥수수, 콩, 고추 등 밭농사를 주로 경작하였다. 그런데 낙농업을 하는 몇몇 젊은이들이 '도농교류 체험프로그램'을 만들어 보자고 의기투합을 하였다. 아이디어는 마을회관 앞에 있는 느티나무 다섯 그루를 활용하여, 여름이면 시원한 나무그늘 아래에서 얼마든지 도시민을 잘 모실 수 있다는 생각에서 출발하였다. 거기에다가 낙농체험을 하자는 구상도 하게 되었다. 미래를 향해 자그마한 그림부터 그리기 시작했던 것이다.

　이날 마을대표는 도농교류마을이 되기 위한 선결조건으로 "생각이 씨앗이다"라는 마음자세가 매우 중요하다고 했다. 이 마을도 끊임없이 고민하고 시도를 한 끝에 체험마을 기반조성과 각종 체험프로그램을 개발하게 되었다. 생각이 씨앗이 되어 오늘날 여러 방송국에서 수시로 달려오는 선진체험마을로 떠오르게 된 것이다. 그야말로 '생각의 탄생'을 이룩한 셈이다. 아이스크림 만들기 체험 하나를 보더라도 제조원료를 축구공 모양의 통에 넣은 다음 잔디밭에서 발로 차게 만들었다. 축구공처럼 생긴 원료통을 잔디밭에서 차니까 어른들까지도 환호성을 지르며 즐거워하였다.
　사람은 생각하는 대로 된다고 하였다. 그렇지 않으면 사는 대로 생각하게 된다는 것이다. 그래서 '생각대로'가 중요하다.

생각이 관심이 되고, 그 관심이 에너지란 씨앗이 되어 나무와 숲이 될 수 있다. 그 생각의 열매는 이처럼 결국 도시민과 농업인이 함께 향유하게 된다. 생각은 도전이 있을 때 확장되고 눈덩이처럼 불어나게 된다. 생각의 힘을 소중히 여기자.

10. 가장 남는 장사는 공부 투자

요즘은 취업을 위해 젊은이들이 피가 마르고 있는 세상이 되고 있다. 그야말로 취업전쟁이다. 그런데 많은 분야에서는 정통한 전문가는 그리 많지 않다는 얘기다. 구직난이지만 실은 구인난이라고 말한다. 창조적인 전문가가 부족하다는 것이다.

농업도 마찬가지다. 창조적인 영농이 끊임없이 이어져야 한다. 소비자의 변화하는 욕구를 충족하고 새로운 가치창조를 지속적으로 해 나간다면 외국농산물과도 당당히 맞서게 될 것이다. 쌀농사만 보더라도 변화하는 소비자의 패턴을 찾아 차별화된 친환경쌀, 기능쌀로 시작하여 지금은 쌀국수, 쌀과자, 쌀막걸리 등으로 진화하고 있다. 웰빙바람을 타고 쌀의 무한 변신은 끝이 없다. 현대경영학의 아버지 피터 드러커도 '경영은 끊임없이 시장과 고객을 창조해 나가는 것'이라고 말했다.

2009년 11월, 한국농수산대학 3학년 졸업반 학생 200여 명이 필자가 근무하고 있는 농촌사랑지도자 연수원에 1박 2일 기간으로 교육에 참여했다. 도농교류시대를 맞이하여 떠오르는 농촌가치를 결합하여 농업부가가치를 높여 가자는 교육프로그램이었다. 이들은 이미 영농여건이 구비되어 졸업 후에는 농촌 현장으로 돌아가 농사를 짓게 된다.

필자는 강의를 하면서 이들에게 영농과 더불어 변함없이 공부를 해 달라고 당부했다. 세상에 '공부만 한 투자는 없다'고 말했다. 밑천보다 노력의 대가는 반드시 크다는 것을 강조했다.

우리는 끊임없이 승부를 해야 한다. 사회학자인 벤저민 바버(Benjamin Barber)는 "나는 세상을 강자와 약자, 성공과 실패로 나누지 않는다. 나는 세상을 배우는 자와 배우지 않는 자로 나눈다"고 했다. 삶에서 배운다는 자체는 성공의 대열에 진입해 있다는 의미로 해석해 볼 수 있다.

필자는 얼마 전 『공부하는 독종이 살아남는다』는 책을 읽고 많은 공감을 얻었다. 이 책에서는 공부는 어쨌거나 많이 해야 한다고 강조한다. 많은 자료가 뇌 속에 들어가야 거기서 새롭고 좋은 발상이 나온다는 것이다. 창조는 결코 '완전한 무'에서 유를 창출하는 것이 아니라는 뜻이다. 운동선수가 수천 번 연습하여 좋은 사세를 만들어 가듯이 결국 양이 질을 변화시킨다는 것이다.

'이 나이에'라는 생각이 가장 위험하다. 머리는 쓸수록 좋아진다고 한다. 뇌에서 기억을 담당하는 신경 세포가 계속 생성된다는 이유다. 뇌를 많이 쓰면 경쟁력도 생기고, 젊음도 유지하게 된다. 학창 시절 못지 않게 열심히 공부하자. 공부에 투자한 이상으로 댓가를 보상할 것이다. 이제 농산물에 대한 고객창조는 생존의 전략이다. 많은 생각과 공부만이 그 길을 밝혀 줄 것이다.

11. 사소함의 지혜는 성공의 뿌리

중세기에 유럽을 굶주림으로부터 구해준 것은 '감자'였다. 감자가 없었다면 유럽이 세계무대의 중심으로 부상하지 못했을 것이라고 한다. 처음에 유럽인들은 감자를 혐오했다고 한다. 성서에 나오지 않는다는 이유로 '악마의 사과'라고 불렀다.

그런데 프랑스 파르망티에라는 약사는 감자가 기근으로부터 굶주린 사람들을 해방시켜 줄 '행운의 작물'이라고 믿었다. 그는 루이 16세의 협조를 얻어 왕의 땅 50에이커를 빌려 시험재배를 시작했다. 전략적으로 국민들의 주목을 받기 위해 왕이 재배하는 감자로 이미지 변화를 추구했다. '악마의 사과'라는 인식은 점차 사라졌다. 감자를 즐겨 먹는 사람들이 늘어나기 시작했다. 결국 감자는 유럽의 근세를 희망으로 이끌어준 '행운의 작물'이 되었다. 이처럼 유럽인들이 감자를 즐겨 먹는 이유도 이런 작은 생각의 지혜가 씨앗이 된 것이다. 사소한 생각이나 행동에서 위대함이 탄생된다는 것을 엿볼 수 있는 장면이다.

우리는 작은 것을 대수롭지 않게 여기는 경향이 있다. 스쳐가는 사소함에도 호기심을 갖고 생각의 깊이를 더해 가야 한다. 뉴턴의 만유인력법칙도 사과나무에서 떨어지는 사과를 보고 위대한 원리를 발견한 것이다. 르네상스 시대를 화려하게 열어간 화가 미켈란젤로나 레오나르도 다빈치는 주변에서 인상적인 사물들을 발견하는 즉시 스케치하는 습관을 가지고 있었다. 그들은 사소한 것에도 호기심이 많은 창조적 인간이었다. 전 GE회장인 잭 웰치는 아이디어가 떠오를 때는 식사 중에도 메모를 했다고 한다. 그는 훌륭한 경영아이디어는 식사 중 냅킨에 적은 메모에서 출발되었다고 회고하고 있다. 사소한 습관의 차이가 성공의 발판이 된 셈이다. 그래서 세계적 문학가인 도스토예프스키는 '습관은 그 어떤 일도 할 수 있게 만들어준다'고 했다.

우리 조상들이 탄생시킨 된장, 간장, 고추장, 김치, 장아찌 등 발효음식에는 사소함의 지혜가 응축되어 있다. 영양가와 저장성을 함께 고려한 전통 발효식품 자체가 장수비법이며 슬기로운 조상들의 지혜가 담긴 건강식품이다. 예전에는 간장 종지하나로 식사를 하고도 건강을 유지하였다.

선조들은 좋은 장맛을 위해서 집을 지을 때는 먼저 장독대 자리부터 잡고 나서 건물의 위치를 잡았다고 한다. 그만큼 장독대 자리가 집보다 중요한 것으로 간주한 것이다. 양지바르고 통풍이 잘 되는 곳에 장독대 자리를 잡았다. 한 민족의 맥을 이어온 수백 가지의 발효음식은 조상들의 세심한 지혜에서 탄생된 것이다.

한옥의 대문을 봐도 지혜로움을 느낄 수 있다. 한옥의 대문은 밖에서 밀어 열도록 되어 있다. 그런데 방문이나 측간, 헛간은 대문과 반대 방향이다. 안에서 밀어 열도록 달려 있다. 왜 유독 대문만 반대 방향으로 열리도록 했을까? 대답은 이렇다. "손님은 집 안으로 맞아들이고, 복(福)은 집 밖으로 나가지 못하도록 그렇게 달아 놓은 것"이라고 한다. 이처럼 조상들의 혜안이 일상생활에도 담겨 있다. 전통문화생활을 음미할수록 그

가치가 묻어난다.

작은 것을 무시하고 큰 것만을 동경해서는 안 된다. 작은 것 하나라도 의미를 두고 차근차근히 챙겨서 나가다 보면 눈덩이처럼 굴러 크게 만들어진다. 사소한 차이가 미래의 '큰 차이'를 불러오는 결정적인 계기가 될 수 있다.

마을개발을 추진해 나가는 데 있어서도 사소한 것을 눈여겨보고 호기심을 가져보자. 거기에서 변화가 일어날 수 있다. 마을자원의 상품화는 어떻게 가치를 부여하느냐에 달려 있다. 마을브랜드의 중심 테마도 사소한 것에서 탄생될 수 있다.

우리가 스쳐 지나가는 일상의 사소함 그 속에 거대한 성공의 뿌리가 숨겨져 있다. 결국 프로란, 매우 작은 것에서 승부를 가르는 사람들이다. 사소한 일들을 꾸준하게 신경 써서 잘 챙겨보자. 그것이 희망의 미래로 나아가는 길이다.

12. 우리 것이 소중한 것이야

꼭 가보고 싶은 마을이 있어도 쉽게 방문하기가 힘들다. 웬지 생활이 늘 상 쫓기는 기분이다. 바쁜 탓이라고 핑계를 댈 수 있지만 좀 욕심을 줄이고 삶의 우선 순위를 새롭게 정립해야 된다는 생각이 가끔 들 때도 있다. 필자는 모처럼 여유의 시간을 갖고 2010년 연초, 경북 고령에 있는 개실마을을 방문한 적이 있었다.

기대했던 대로 고색창연한 전통한옥으로 곱게 단장된 마을이었다. 여느 마을과 다른 범상치 않은 이미지를 주었다. 아담한 마을모습은 한 폭의 그림 같았다. 마을을 둘러싼 대밭과 소나무 그리고 흙담 길은 농촌다움의 분위기를 북돋아 주었다. 추운 겨울 날씨에도 도시민들이 꾸준히 이 마을을 찾고 있었다. 이 마을 팜스테이농가 대표인 김병만 씨가 반갑게 맞이해 주었다.

선산 김 씨가 이곳에 터를 잡고 살아온 지가 350여 년 되었다. 개실마을이라는 이름은 '꽃이 피는 아름다운 골'이라는 뜻으로 원래 '개화실(開花室)'이라고 했는데, 세월이 지나며 개화실의 음이 변해 '개애실'이라고 불리다가, 더 줄여서 '개실'이 되었다고 한다. 필자는 마을 발전에 대한 설명을 들으면서 마을의 전통자원을 관광자원으로 변화시킨 주민들의 단합된 의지에 놀라지 않을 수 없었다.

보수적인 마을이 변화하는 데는 어려움이 많았다. 씨족부락의 전통이 강하게 이어져 오는 곳이기 때문이다. 예전에는 아낙네들이 읍(邑)에서 열리는 '5일장' 가는 것조차 꺼릴 정도였다. 고령화 현상도 심각하다. 심지어 부녀회를 탈퇴하려면 75세가 넘어야 한다. 현재 연로한 분들로 구성된 사물놀이패의 이름도 '엉망진창 풍물단'이라고 붙였다. 그저 장단이 잘 맞지 않는다는 뜻에서 우스개가 섞인 작명이지만 농촌의 실상을 말해주고 있다. 이런 여건 속에서도 변화의 싹이 트기 시작했다.

개실마을이 큰 전환점을 맞이하게 된 것은 마을지도자들의 생각의 변화였다. 도도히 흐르는 '농촌관광'이라는 물결에 우리 마을도 한 번 변해보자는 리더들의 의지에 주민들이 동참하게 되었다. 다행히 선산 김 씨의 집성촌마을로 종갓집의 권위와 영향력은 마을 주민들이 똘똘 뭉치는 데 큰 몫을 하였다. 딱정벌레처럼 딱 붙어 지도하는 고령군 공무원의 역할도 컸었다.

처음 마을개발을 할 때 마을 리더들이 가장 중요하게 느낀 것은 이왕 할 바엔 제대로 해 보자는 것이었다. 마을의 운영주제를 '예로부터 고집스럽게 지켜온 양반마을 그 자체를 팔아 보자'고 정했다. 마을의 전통적인 삶을 고스란히 담고 있는 전통한옥, 전통음식, 전통예절을 상품화하는 것이다. 주민들과 함께 지혜를 모으다 보니 가지각색의 자랑거리와 전략이 만들어지게 되었다.

먼저 중장기적 안목에서 농촌관광인프라 구축에 중점을 두었다. 2001년 아름마을가꾸기사업으로 지원된 16억 원 예산도 상하수도공사 등 마을기반시설에 모두 사용하였다. 그 돈이 개인에게 분배될 것이라는 기대감도 있었지만 미래를 보고 공동체 중심으로 확실하게 달려가자는 것이었다. 전통마을의 분위기를 보존하기 위해 상점이나 주점은 아예 운영하지 않기로 했다. 외부인에 의한 몇 번의 시도가 있었지만 끝내 허락하지 않았다.

두 번째는 주민들의 의식변화를 중점적으로 시도하였다. '사람이 변해야 마을도 변할 수 있다'는 신념으로 주민교육을 가장 우선시하였다. 필자가 근무하는 연수원에도 개실마을의 많은 주민들이 다양한 교육과정을 수료하였다. 특히 서비스교육을 하는 (주)삼성에버랜드와 자매결연을 맺어 마을주민 전원이 서비스아카데미 전문과정을 수료했다. 때로는 관광버스를 전세 내어 선진마을 견학을 1년에 한두 번씩 하고 있다. 견학 후 마을에 와서는 반드시 토론을 거쳐 좋은 점은 마을운영사항에 반영하고 있다. 마을주민들이 누구를 만나더라도 해맑은 미소로 인사를 하는 모습은 이런 교육과정에서 탄생되었다고 볼 수 있다.

세 번째는 잘 보존된 전통자원을 체험으로 활용하였다. 개실마을만의 독특한 전통예절 체험프로그램을 운영하고 있다. 양반체험, 전통혼례체험, 그리고 청소년을 위한 예절교육 프로그램이다. 전통음식체험으로 '엿과 한과체험'은 자랑거리가 되고 있다. 엿과 한과를 만드는 삼매경의 기쁨은 이루 말할 수 없다는 것이다. 종갓집을 중심으로 오랫동안 시어머니에서 며느리 손을 거쳐 내려온 전통한과는 '종家손手'라는 브랜드를 달아 출시하고 있는데 인기가 대단하다고 한다. 설 명절에는 주문이 쇄도해 수요를 다 감당하지 못할 정도라는 것이다.

지역을 대표하는 '고령딸기'의 명성으로 딸기수확체험도 운영하고 있다. 매년 4월에 개실마을을 방문하면 딸기 농장에 들어가는 자체만으로 싱그러운 느낌을 듬뿍 머금을 수 있다. 친환경농법으로 당도도 높고 맛과 향이 뛰어나다고 어느 마을주민께서는 자랑스럽게 말하기도 하였다.

이처럼 고요한 마을의 잠재력을 일깨워 나가는 것은 쉽지 않다. 아무리 훌륭한 마을전통자원이 있다고 하더라도 관찰해서 상품화하지 않으면 아무런 소용이 없다. 이는 곧 마을의 자랑거리이기도 하지만 새로운 소득원으로 창출되고 있다는 것에 대하여 마을주민들이 더욱 신바람이 나 있다.

이 마을은 지금도 변함없이 미래를 향해 역동적으로 달려가고 있다. 2010년 11월 서울에서 열리는 G20세계정상회의와 관련, 'Rural(농촌)－20프로젝트'의 대상마을에 포함되어 외국의 많은 저명인사들이 이 마을을 방문하였다. 그들은 우리 전통마을의 모습에 "원더풀(Wonderful)!"이라고 연호를 하며 많은 찬사를 보냈다고 한다. 바야흐로 '가장 한국적인 것이 가장 세계적'이라는 말이 실감 날 정도가 되고 있다. 은근과 끈기의 정신이 스며 있는 훌륭한 우리 고유문화에 더욱 참된 가치를 찾아 나서 보자.

새롭게 거듭나기

- 리더십을 길러라 -

새롭게 거듭나기
- 리더십을 길러라 -

1. 내 이름은 '종합전략가'

내가 그의 이름을 불러 주기 전에는
그는 다만
하나의 몸짓에 지나지 않았다.

내가 그의 이름을 불러 주었을 때
그는 나에게로 와서
꽃이 되었다. ……

시인 김춘수 님의 '꽃'이다. 이처럼 꽃에도 이름을 붙여 주는 것이 차별화되고 남다른 의미로 존재할 수 있다. 그래서 삼라만상 물체에는 갖가지의 고유한 이름들이 붙어 있다. 그게 그들의 생명력이고 이미지이다. 사람도 누구에게나 '이름'은 소중한 것이다. 자신의 가치가 오롯이 담겨 있는 상표이고 브랜드이기 때문이다.

‘농업’이라는 이름은 원래 ‘생산’의 개념부터 시작하였지만, 이제는 제조·가공, 마케팅, 체험, 서비스, 환경관리 등의 개념을 망라하는 종합적인 산업으로 발전되고 있다. 경제학자 콜린 클라크의 산업분류 기준인 1차·2차·3차 산업이 농촌이라는 공간에서 함께 일어나고 있는 것이다. ‘농사’가 단순한 1차 산업인 생산영역을 벗어나 제조·가공인 2차 산업의 과정을 거쳐 판매·서비스의 3차 산업으로 연결되고 있다. 그야말로 농업이 6차 산업(1차 산업×2차 산업×3차 산업)으로 나아가고 있다. 지속적으로 가치사슬을 창조하고 있다. 인간 자아욕구를 충족하는 문화산업으로까지 나아가고 있다. 환경변화에 따라 끊임없이 ‘업(業)의 확장’을 하고 있는 셈이다.

농업이 부가가치가 높은 산업이 되기 위해서는 결합적 사고방식을 기본적 마인드로 가져야 한다. 농촌현장에서 일어날 결합산업 모델을 스스로 개발해 나가야 한다. 농산물, 제조·가공, 자연, 전통문화, 체험, 관광, IT기술, 예술 등 다양한 요소들을 융복합해서 어떻게 나아갈 것인가를 고민해 보아야 한다. 농촌현장에서 고부가가치산업은 결국 ‘결합산업’이다. 따라서 농업인은 ‘종합전략가’가 되어야 한다. 그게 기존의 사고(思考)의 틀을 깨고 농촌공간의 가치를 창조해 나가는 방안이다.

농업의 다원적 가치가 상품화되고 산업화되는 시점에서 농업에 대한 경영적 마인드를 더욱 확고히 가져야 한다. 네덜란드에서는 일찍이 농사짓는 사람들을 ‘농민’이라고 하지 않고 ‘농기업가’로 부르고 있다. 진취적인 농업국가일수록 기업가적 정신을 농업에 접목시키려는 그들의 애쓴 흔적을 엿볼 수 있다. 오늘날 그들은 '세계 최고의 농업선진국'이라는 칭송을 받고 있다.

농업의 다원적 가치에 대한 인식이 높아지고 있는 상황에서 농업인으로서의 자부심을 더욱 가져야 한다. 더구나 깨끗한 자연환경과 안전한 먹을거리 생산은 웰빙적 삶에 주요한 키워드이다. 경제가 발전되고 삶의 질에 대한 가치욕구가 커질수록 농촌공간은 인간의 행복을 창조하는 지상의 파라다이스로 부흥할 것이다. 희망을 가져보자. 생명산업에서 행복산업까지 창조해 나가는 곳이 바로 오늘날 농촌이다.

이제는 우리 스스로 '농업인'이라는 이름의 가치를 더욱 고양시켜 나가야 한다. 다양한 산업을 결합해서 미래의 부가가치를 높여 나가는 '종합전략가'라고……

2. 진정한 리더십

경영에는 만병통치약이 없다. 리더십에는 매뉴얼이 없다는 얘기다. 다양한 리더십의 유형이 있지만 시대와 장소에 따라서 리더십의 의미가 달라지기도 한다. 고대 춘추전국시대에는 예(禮)와 인(仁)을 갖춘 리더가 필요했고, 21세기 디지털미디어 시대에는 변화와 창조를 중시하는 리더를 원하고 있다. 이처럼 리더십의 트렌드도 끊임없이 변하고 있다. 마을공동체는 수평적 관계이기 때문에 마을운영에 더욱 힘이 든다. 하지만 마을의 발전을 위해서 누군가는 리더십을 발휘해야 한다.

필자는 2010년 겨울, '역사에서 배우는 리더십기술'에 대해서 어느 단체로부터 강의 요청을 받았다. 전문지식은 없지만 강의 제목이 매력적이고, 준비할 시간도 많아서 강의 승낙을 하였다. 덕분에 리더십에 대해 많은 공부를 하게 되었다. 역사가 가르쳐주는 리더십의 지혜는 그 가치가 매우 크다는 것을 더욱 깨닫게 되었다. 리더의 영향에 따라 조직이나 국가의 운명이 달라지기 때문이다. 인류의 지혜가 농축된 역사에서 리더십을 배운다는 것은 아주 의미 있는 일이다.

선각자들의 탁월한 리더십을 닮아가려는 모방학습도 좋지만 결국 리더십은 상황에 따라 자신만의 고유한 색깔을 적용해야 할 생명체임을 느끼게 되었다. 리더십에도 나름대로 개성이 있어야 자기주도적 경영능력을 발휘할 수 있을 것이다. 끊임없이 고민하고 상황 적응에 용이주도한 자기만의 리더십을 확립해 나가야 한다.

리더의 능력이 아무리 뛰어나다 하더라도 어떤 공동체든 갈등은 상존한다. 사람들의 생각은 저마다 다르고 또 인간 자체가 불완전한 속성을 지녔기 때문이다. 다만 명확한 문제의식을 갖고 직관과 혜안으로 난제를 해결해 나가는 자세가 중요하다. 얼마나 갈등을 최소화시켜 화합의 분위기로 나아가느냐가 관건이다.

우리는 마을의 발전을 위해서 시의적절한 지혜로운 리더십을 발휘해야 한다. 시대 흐름을 꿰뚫고 구성원들을 아우르면서 공동의 과제를 잘 추진해야 한다. 리더십의 지향점은 곧 조직 목표를 잘 성취하자는 것이다. 꿈과 이상을 품고 미래로 달려

가기 위해서는 공동의 목표를 가지고 열심히 일을 해야 한다. 인간은 일을 통해서 목표를 달성하고 행복을 얻을 수 있기 때문이다. 목표성취를 위해 땀을 흘려야 한다. 컵라면을 먹어도 산 밑에서 먹는 것보다 산 위에서 먹는것이 한결 맛이 있다. 그래서 조직구성원들로 하여금 행복추구를 위해 산을 오르도록 하는 리더십이 필요한 것이다.

리더십전략으로 가장 소중한 것은 비전 공유라고 생각한다. 우리는 비전을 통해 목적과 의미를 찾을 수 있다. 공동체가 무엇을 할 것인가를 분명히 정해야 한다. 리더십은 결국 구성원 모두가 옳다고 인정하는 목표와 생각에서 출발하는 것이다. 리더십의 목적은 곧 혼자서 해낼 수 없는 일을 함께 이루도록 하는 것이다.

관리와 리더십은 다르다. 그 속성이 다르다. 어떤 의미의 변화건 성공적인 변화를 이끄는 주요한 힘은 리더십이지 관리가 아니다. '정답'보다 현명한 '명답'이 필요한 창의력이 경쟁이 되는 시대다. 관리자는 답을 정하지만, 지도자는 사람들에게 질문을 한다고 한다. 그래야만 구성원 스스로 자신의 생각에 따라 답을 찾아 나서고 일 속에서 새로운 창조의 기쁨을 누릴 수 있기 때문이다. 구성원 모두가 상호 간에 협동하는 리더십을 발휘해야 한다.

리더는 완벽함을 추구하기보다는 어느 정도 대다수가 바라는 것이라고 생각하면 과감히 추진을 해야 한다. 리더는 비판받게 마련이다. 리더가 되고 싶다면 먼저 비판에 익숙해져야 한다. 성공한 사람에게는 거의 필연적으로 비판이 뒤따르게 마련이다. 평가는 역사에 맡기면 된다. 기다리기만 하면 아무도 해주지 않는다. 농촌마을 간에도 목표를 가지고 나아가는 마을과 그렇지 못한 마을 사이에는 많은 격차가 있게 마련이다. 시간이 갈수록 그 차이는 심화될 것이다.

리더가 내리는 의사결정은 마을 발전에 큰 영향을 미칠 수 있다. 희망찬 비전과 확고한 태도로 임해야 한다. 뛰어난 리더로 성장하기 위해서는 어떠한 상황에서도 냉철하게 분석하고, 대담하게 솔선수범하며, 맡겨진 일에 매진하고, 자신감 넘치는 태도를 지녀야 한다. 그게 우리가 바라는 진정한 리더십이라고 볼 수 있다. 나만의 확고한 리더십 유형을 만들어 가도록 노력해 보자.

3. 마을리더십은 내면의 세계로부터

'비전이 있는 사람은 자기 내면의 확신에서 힘을 얻는다'고 했다. 그러나 '몽상가는 외부 환경에서 힘을 얻으려고 한다'고 한다. 훌륭한 리더십은 스스로의 생각에서 묻어난 신념과 행동에서 탄생된다고 볼 수 있다. 솔선수범하고 있는 어느 마을지도자의 열정적인 리더십에 대한 이야기 하나를 소개해 보고자 한다.

필자는 2010년 초, 경남 창원의 '빗돌배기 팜스테이 마을'을 방문하였다. 자매결연 기업과의 협력사업으로 추진한 '황토방 개관식'이 있었다. (주)현대모비스 창원공장과 자매결연사업으로 준공된 것이다. 건물이름도 '현대모비스 황토방'으로 지었다. 자매결연 회사직원들이 한 가족처럼 편안하게 쉬어가도록 하기 위해서 작명을 하였다고 한다. 건립비용은 자매결연 기업·마을·농협이 각각 일정금액을 분담한 것이다. 그런데 당초보다 건축비용이 많이 초과되어 마을대표 강창국 씨가 개인적으로 상당한 금액을 부담하였다고 한다. 공동사업을 위해 개인적 희생이 따른 것이다.

빗돌배기 팜스테이 마을은 약 100년 전부터 단감 재배가 시작된 유서 깊은 단감 주산지이다. 오늘날까지 명성을 이어오는 데는 강 대표의 피나는 노력이 있었다. 그는 2007년 '탑푸르트' 단감부문 대상의 영예를 차지하기도 했다. '좋은예감'이라는 브랜드로 단감의 당도가 18~20도가 되어 유명백화점과 단골 직거래를 할 정도이다.

특히 강 대표는 농업관에 대해 남다른 확고한 신념을 갖고 있다. 농업의 부가가치향상을 위한 패러다임은 1차(생산) → 2차(제조·가공) → 3차(판매, 서비스) → 4차(문화행사)로 나아가도록 끊임없이 노력해야 한다는 것이다.

그는 고품질 단감재배를 성공한 후 단감와인 제조를 위해 고민하게 되었다. 경남 농업기술원 단감연구소와 손잡고 단감와인 개발에 착수한 것이다. 늦가을에 냉해를 입은 단감 하나도 버리지 않는다는 것에 큰 위안이 되었다. 오랜 기간의 시행착오 끝에 단감와인 개발에 성공해 '시의 인생'이라는 브랜드로 출시되었다. 단감의 맛과 향이 오롯이 담긴 '단감아이스와인'은 오늘날 고객들에게 감동을 선사하고 있다고 한다.

그는 제3단계로 현대적 농업은 소비자와 함께하는 농장경영
이 되어야 한다는 신념으로 농촌관광마을로 나아가자고 주민
들을 설득하였다. 다행히 1사1촌 결연을 통해 도시민들이 마을
에 찾아오는 새로운 전기를 맞이하게 되었다. 도농교류의 중요
성을 인식한 주민들의 의식도 서서히 변하기 시작했다. 2007년
에는 팜스테이 마을로 선정되어 학생들을 비롯해 연간 1만여
명이 방문하고 있다. 인근 주남저수지를 중심으로 한 습지 생
태체험과 단감·수박 등 농산물 체험이 계절별로 펼쳐지도록
다양한 체험프로그램을 개발하고 있다.

여기까지만 해도 강 대표의 농업경영 사이클은 이른바 '농
장 – 공장 – 시장'을 통합한 '3장(場)통합'의 모델케이스이다. 선
진국의 어느 농장운영 형태와 비교해도 손색이 없는 발전모델
을 추구하고 있다.

이제 마지막 4단계인 문화행사의 주제만 남아 있다. 그는
머지않아 단감이 황금빛으로 무르익을 때 마을에서 '단감축
제'를 멋있게 개최하려는 계획을 세우고 있다. 출향인사와
마을주민 그리고 소비자가 함께 참여하는 야심찬 문화행사
를 위해 차근차근 준비해 나갈 것이라고 한다. 강 대표는 앞
날을 내다보는 아주 통찰력 있는 마을지도자라고 칭찬하고
싶다.

이처럼 이 세상에 내버려두어도 저절로 굴러가는 일은 없다.
결국 어떤 일이라도 누군가의 손에 의해 선도적으로 경영되거
나 운용되어야 한다. 물론 마을주민들의 헌신적인 동참이 있어
야 가능한 일들이다. 앞서가는 리더들이 봄에 좋은 씨앗을 골

라 심어야 가을에 만족할 만한 결실을 맺을 수 있다는 생각을 갖자. 미래를 향한 올바른 결정이라면 헌신적인 리더십을 발휘해 보자. '하늘은 스스로 돕는 자를 돕는다'고 했다.

4. 소통의 리더십

매년 11월 11일은 '농업인의 날'이다.

농업인의 날이 11월 11일이 된 이유는 한자 11(十一)을 합치면 흙토(土)가 되기 때문이다. "농업인의 날"은 필자에게 또 다른 중요한 의미를 부여해 주고 있다. 필자는 2009년 11월 11일 갑자기 병원에 입원하여 심장수술을 받았던 적이 있었다. 그 날도 병원에도 일부러 간것이 아니라 '농업인의 날'행사 관계로 시간의 여유가 조금 있어서 우연히 병원을 찾게 된 것이다. 담당의사는 며칠만 늦었어도 큰일날뻔 했다고 설명해 주었다. 그냥 가슴이 조금 답답해서 병원을 찾아갔는데 심장 부근에 혈관이 두 곳이나 90%가 막혀 있었다. 그게 완전히 막히면 심근경색이나 심장마비로 이어지게 된다. 다행히 바로 수술을 받아 위기의 순간을 모면하였다. 난생처음 중환자실 신세도 져 보았다. 실로 만감이 교차하였다. 아마 늑장을 부려 수술시기를 놓쳤더라면 오늘의 내가 아니었을지도 모른다. 그래서 '농업인의 날'이 필자의 생명을 구해주었다고 위안을 하며 늘 감사하게 생각하고 있다. '운명'이란 단어를 가끔식 곰곰이 되새겨 보면 내가 가진 모든 것을 농업·농촌을 위해 다 바친다 해도 여한이 없을 것 같다.

　이처럼 우리 몸에도 혈액순환이 잘 되어야 하듯이 마을에도 소통이 중요하다. 마을 일에도 소통이 잘 되지 않으면 갈등의 골이 깊게 생기게 마련이다. 하나의 마을사업을 보더라도 여러 입장과 생각이 있을 수 있다. 결국 마을 전체와 미래를 위해서는 하나로 통일되어야 한다. 의견조율을 위해서는 설득을 위한 커뮤니케이션이 필요하다. 그게 바로 소통이다. 막혀 있는 혈관을 뚫듯이 말이다. 바위를 깨려면 결을 찾아 내리쳐야 하듯이 입장의 차이에 대한 맥을 찾아 필사적인 설득이 필요하다. 그렇지 않으면 사람이나 조직은 움직이지 않는다.

　커뮤니케이션은 정보와 감정을 주고받는 것이다. 재미난 점은 '정보'나 '감정'이라는 두 단어에 모두 '정(情)'이라는 글자가 들어가 있다. 정의 깊이는 횟수로 결정된다는 의미다. 일본의 어느 한 기업인은 "남녀가 하루 24시간을 함께 보냈다면 그저 하룻밤의 추억으로 남을 뿐이지만, 같은 24시간이라도 두 시간 데이트를 열두 번이나 하다 보면 정이 깊어져 어느새 애정으로 변한다"고 말하였다. 커뮤니케이션은 횟수가 거듭되면 질이 높아진다는 것이다. 원활한 소통을 위해서는 끊임없는 커뮤니케이션이 필요하다.

　리더라고 고독을 필수처럼 생각할 필요는 없다. 리더십은 위아래를 아우르는 것이다. 자주 보는 만큼 알게 되고, 아는 만큼 좋아할 수 있고, 좋아하는 만큼 배려해줄 수 있다. 많은 커뮤니케이션을 갖다 보면 편견이나 오해가 풀려 두껍다고 생각한 주민들 간의 벽이 저절로 허물어질 것이다.

5. 서번트 리더십

오늘날 고령화 사회로 변화되면서 농촌에는 연세가 높으신 분들이 많다. 젊은 마을지도자일수록 윗분들에 대한 공경의 자세가 필요하다. 씨족중심 사회일수록 위아래를 많이 따진다. 관계중심 사회이기 때문이다. 예의와 법도에 어긋나면 아무리 좋은 논리도 받아들여지지 않을 수 있다. 인간의 의사결정에는 이성적인 측면보다는 감성적인 측면이 더욱 강한 영향을 미친다. 감성사회가 될수록 따뜻하고 겸손한 자세로 받드는 리더십을 발휘해야 한다.

필자는 장영희 교수가 쓴 「살아온 기적 살아갈 기적」을 읽고 많은 감명을 받았다. 내 안에서 절로 생기는 내공의 힘이 안겨주는 희망이 매우 소중함을 알았다. 그 분이 생전에 힘든 생활에 지쳐 있는 어느 제자에게 보낸 다음의 편지는 희망과 용기를 주는 애정어린 내용으로 위안을 해 주고 있다.

로키산맥 해발 3,000미터 높이에 수목 한계선 지대가 있다고 한다.
이 지대의 나무들은 너무나 매서운 바람 때문에 곧게 자라지 못하고
마치 사람이 무릎을 꿇고 있는 듯한 모습을 한 채 서 있단다.
눈보라가 얼마나 심한지 이 나무들은 생존을 위해
그야말로 무릎 꿇고 사는 삶을 배워야 했던 것이지.
그런데 민숙아,
세계적으로 가장 공명이 잘되는 명품 바이올린은
바로 이 '무릎 꿇은 나무'로 만든다고 한다.

어쩌면 우리 모두는 온갖 매서운 바람과 눈보라 속에서
나름대로 거기에 순응하는 법을 배우며
제각기의 삶을 연주하고 있는 건지도 모른다.
민숙아,
너는 이제 곧 네 몫의 행복으로 더욱더 아름다운 선율을
연주하기 위해
연습을 하고 있는 거라고, 그러니까 조금만 더 힘내라고……

진한 감동을 주는 글귀라고 느껴진다. 마치 인생의 어려운 순간에는 포용하고 섬기는 자세가 필요하듯 무릎 꿇는 나무가 곧 명품 바이올린이 된다는 것이다. 이들은 낮은 자세로 임하는 서번트 리더십(Servant Leadership), 즉 받드는 리더십을 연상하게 한다. 서번트 리더십은 봉사와 헌신을 바탕으로 한 사랑의 리더십을 말한다. 인간적이고 솔선수범적인 리더의 자세는 구성원들의 감성을 자극하여 맡은 일을 더욱 열심히 하게 만든다.

봉사하는 리더십은 자신의 권위를 향상시킨다. 역사적으로 권위를 가진 리더들은 대부분 봉사의 자세를 지녔다. 예수 그리스도, 석가모니, 간디, 마틴 루터 킹, 테레사 수녀 등이 그들이나. 그들은 삶의 기쁨을 훼손하는 자아와 자기도취의 족쇄로부터 스스로를 해방시키는 방법은 타인에 대한 봉사라고 했다. 봉사가 리더십의 원천인 것이다.

누구든 자신이 상대방에게 대접받고자 하는 것과 마찬가지로 상대방을 대접해야 한다. 마을지도자가 앞장서서 봉사하고 희생할 때 권위가 생긴다. 서번트 리더십은 구성원들의 욕구를

규명하고 충족시키는 데 있다. 최고의 마을이 될 수 있도록 마을지도자는 스스로를 채찍질하게 하는 열정이 필요하다. 하나의 밀알이 된다는 자세로 마을을 경영해 나가면 모두 감동을 받아 따르게 될 것이다.

사물은 '관리하는 것'이지만, 사람은 '리드하는 것'이다. 떠오르는 서번트 리더십에 대해 새삼 주목하자. 오늘날은 사람들의 개성이 더욱 강해지고 있다. 이럴 때일수록 받드는 리더십으로 마을의 공동목표를 성취하고 자신의 권위를 높여 나가자. 예수는 '누구든 리더가 되려는 사람이라면 먼저 봉사하는 법부터 깨우치라'고 말씀하시지 않았는가.

6. 칭찬은 마음의 꽃다발

칭찬은 참새도 '캉캉 춤'을 추게 한다. "당신 멋져!" 이 한 마디 칭찬이 놀라운 변화를 일으킨다. 칭찬이 주는 긍정적인 효과는 매우 크다. 칭찬은 마을의 분위기가 밝아지고 의욕과 자신감이 생긴다. 그리고 신뢰감이 조성된다. 칭찬하는 사람의 에너지도 증가하고 상대방으로부터 이해받고 존중받는다.

최근 두뇌과학을 연구하는 사람들에 의하면 칭찬을 들었을 때 분비되는 물질이 두뇌활동을 활발하게 움직이게 한다고 한다. 이 두뇌활동은 인간관계를 개선시켜 준다고 한다. 사람은 '사회적 동물'이고, 사회는 '관계'로 이루어진다. 칭찬은 인간관계를 좋게 하는 촉진제다. 또한 업무활동에도 영향력을 끼쳐,

생산성이 올라가고 행복감이 상승된다.

모든 것은 마음이다. 사람들의 가장 큰 관심사는 언제나 자기 자신이다. 당연히 자신에게 관심을 가져주고 말을 걸어오고 자신을 알아주는 사람을 좋아할 수밖에 없다. 인간은 결국 마음으로 산다. 마음은 비좁기로는 송곳 끝보다 더 비좁지만 넓기로 하면 바다보다도 더 넓다고 한다. 마음은 그렇듯 섬세하고도 크기 때문에 우리는 마음으로 나와 세상을 경영한다. 칭찬은 마음의 세상을 움직이는 원동력이다. 칭찬은 서로 간에 마음이 하나 되는 강력한 접착제이고 묘약이다.

옛말에 '아기들은 인정해 달라고 울고, 어른들은 인정받기 위해 일한다'는 얘기가 있다. 사마천의 「사기」에도 "선비는 자기를 알아주는 사람을 위하여 목숨을 바치고, 여자는 자기를 기쁘게 해주는 사람을 위하여 얼굴을 꾸민다"라고 했다. 이처럼 칭찬과 인정에 대한 욕구는 누구나 공통된 심리를 갖고 있다. 성공하는 사람들은 칭찬을 먹고 자란다고 한다. 미국의 링컨 대통령도 그의 수첩에는 칭찬하는 사람들의 이름이 빼곡히 적혀 있을 정도로 칭찬에 많은 관심을 가졌다고 한다. 바람직한 행동에 대해 그에 상응하는 마음의 선물을 해주면 그러한 좋은 행동의 빈도를 증가시키게 된다. 결국 좋은 일들이 자꾸만 많아지게 되는 것이다.

마을에서도 칭찬하는 분위기가 중요하다. 사소한 것이라도 좋다. 일상생활에서도 찾아보면 칭찬거리가 절로 생기게 된다.

농사를 잘 지어도 서로 칭찬해 주고, 자녀들이 공부를 잘 해 좋은 학교에 입학했을 때도 칭찬해 주어야 한다. 마을에서 어떤 직책을 잘 수행해 나가는 분들에게도 가끔씩 칭찬을 해 주어야 한다. 그러면 신바람이 절로 나게 된다. 크고 작은 좋은 일에 의미 부여를 하려고 노력하면 모두가 칭찬거리다.

7. 마을의 윤리경영

오늘날 농촌마을이 자연부락에서 체험관광마을로 변모함에 따라 공동경영체로 변해가고 있다. 마을을 방문하는 도시민들과 민박, 체험, 농산물판매 등 다양한 형태로 고객과 비즈니스 관계가 이루어지고 있다. 마을에도 이제 경영개념이 본격적으로 도입되고 있다.

복잡한 경영의 환경에 진입될수록 윤리의식이 더욱 투철해야 한다. 아무리 작은 기업이라도 윤리의식이 배어 있어야만 생존해 나갈 수 있다. 오늘날 장수하는 기업들도 보면 초창기 윤리의식을 바탕으로 해서 성장한 기업들이다.

세계 최고(最古) 장수기업인 일본 오사카에 있는 곤고구미회사는 1천4백여 년 동안 기업역사를 이어가고 있다. 건축회사인 곤고구미의 장수비결은 '보이는 것보다 보이지 않는 곳에 더 충실하라'는 경영이념이다. 그런 까닭에 곤고구미는 겉으로는 드러난 곳보다는 천장 등 보이지 않는 곳에 더 비싼 건축자재를 쓰는 것으로 유명하다. 지난 1995년 고베 대지진이 발생해 수많은 건축물들이 파손됐을 때 곤고구미가 지은 건물들은 별탈이 없었다고 한다. 정직하고 신뢰성 높은 기업운영이 장수비결이라는 것을 나타내고 있다.

독일의 철학자 칸트는 "정직, 그것은 다른 어떤 자산보다 중요하다"고 했다. 리더의 힘은 도덕성에서 나온다. 이는 곧 내부 구성원이 봤을 때 '정당성'이 되고, 외부인에게는 '신뢰성'의 근거가 된다.

이렇듯 윤리경영 개념이 대기업에만 적용되는 덕목이 아니다. 마을사업에 있어서 윤리경영은 더욱 강화되어야 한다. 공동 사업일수록 많은 이해관계로 얽힐 수 있고, 각자가 보는 관점이 다양하기 때문이다. 마을경영에서 윤리경영은 내적인 면과 외적인 면으로 나누어 생각해 볼 수 있다.

먼저 내적인 면에 있어서는 합리적이고 투명경영을 해야 한다. 의사결정에 있어서도 민주적인 방법으로 실천해야 한다. 훌륭한 의사결정은 난독으로 이루어지는 것이 아니라 오랜 합의 구축과정을 통해서 이루어진다. 다수가 소수보다 더 합리적이라는 생각을 믿는 것도 중요하지만 소수의 의견도 간과해서는 안 된다. '과정보다 결과'를 중요시해야 한다거나, '모로 가도 서울만 가면 된다'는 사고방식은 안 된다. 다소 진통을 겪더라도 진지한 논의가 필요하다.

회계처리는 체계적인 기록과 더불어 반드시 그 결과를 일정한 주기(월, 분기, 년 등)로 공개를 해야 한다. 장부를 보여준다는 것은 그만큼 신뢰적 분위기를 쌓아간다는 의미다. 공정치 못한 회계처리문제로 갈등이 많아 마을공동경영이 와해될 수도 있다.

그 다음은 외적인 면으로 고객과의 상호 믿음의 관계 형성이다. 마을이 고객을 모시는 서비스시대로 변화되어 가고 있는 흐름에서 신뢰적 분위기는 무엇보다 중요하다. 서비스는 '신용'과 '친절'이라는 무형의 가치를 제공하는 것이다. 일본 교토에 가면 300년 이하 된 가게는 상점으로 쳐주지 않는다고 한다. 그들은 '신용'을 생명처럼 여기면서 친절하게 고객을 모시는 덕목이 있기 때문이다.

이제 더욱 신뢰받는 경영모델을 구축해 나가도록 힘을 모아보자. 숙박이나 농산물판매에 대한 요금책정에 있어서도 합리적이어야 한다. 가격에는 누구나 민감하다. 바가지요금이라는 용어는 아예 마을에 발붙이지 못하도록 해야 한다. 농산물품질이나 서비스품질에 있어서도 항시 동일성 유지로 신뢰감을 주어야 한다. 고객에게는 누구나 나름대로 기대치가 있다. 기대에 부응하지 못하면 불평·불만이 발생된다. 비용을 상회하는 소비의 가치를 느끼도록 만들어야 한다.

웰빙적인 삶을 추구하고 있는 현대인들에게 윤리적 환경이야말로 정서적 만족의 기준으로 삼을 수도 있다. 그게 행복으로 가는 길목이기도 하다. 기업이든 개인이든 정직하고 윤리적 생활이 행복을 보장해 주는 것 같다. 영국 속담에 '평생을 행복하려면 정직해라'고 하였다.

윤리적 삶이 생활가치의 주요 트렌드로 삼고 있는 시대에서 고객에게 신뢰받는 마을경영이 되도록 노력하자. 마을의 규약과 운영방침을 보다 높은 윤리수준으로 높여 나가자. 그게 내부 결속력과 고객의 믿음을 더욱 튼튼하게 만드는 기준이 된다. 명확한 윤리경영의 실천이야말로 선진마을로 이끌어가는 행복의 나침판이기도 하다.

8. 함께하는 리더십

2010년 6월, 경기도 양평에 있는 '보릿고개마을'을 방문하였다. 용문산을 배경으로 산세가 수려하고 개울가에는 맑은 물이 흐르는 쾌적하고 아름다운 마을이었다. 대부분의 농가가 친환경농법으로 영농을 하고 있어 청정이미지까지 자아내고 있다.

요즘 이 마을 주민들은 신바람이 나 있다. 이 마을에는 다양한 체험거리가 있어 연간 1만여 명 이상의 방문객이 찾아오고 있기 때문이다. 그 당시에도 일본의 고급관료인 총무대신 등 공무원 30여 명이 방분해 정보화 시설 등에 남다른 관심을 나타내며 벤치마킹을 하고 갔다. 2010년 'G20정상회의'를 맞이해 각국 방문객들에게 선보이는 'Rural(농촌) 20프로젝트'에 선정되어, 많은 세계 유명 인사들을 맞이하기도 하였다. 이 프로젝트에 선정된 전국 21곳 농촌체험관광지 중 한 마을로서 세계적 브랜드를 갖게 되는 유명마을이 된 셈이다.

사실 '보릿고개'란 마을브랜드는 옛 가난한 시절을 떠올리게 하는 이름이지만 각박한 현대인들에게 옛 정취를 각인시켜 줄 수 있는 차별화된 강렬한 이미지를 느낄 수 있게도 해준다. 원래 '보릿고개'란 옛날 배고픈 시절에 보리가 패기 전 먹을 양식이 떨어져 산나물이며 소나무 껍질을 벗겨먹곤 했던 춘궁기인 두서너 달을 일컫는다. 그래서 이 마을에서는 가난했던 시절의 추억을 상기해 보고 옛 조상님들의 정취가 담겨 있는 슬로푸드 체험으로 '보리개떡', '보리비빔밥', '맷돌 두부' 만들기 등의 체험을 주로 실시하고 있다. 라면, 피자 등 패스트푸드에 익숙한 현대인들에게 이런 체험들은 웰빙음식으로 호기심을 자아내는 프로그램으로 인기가 높다.

이 마을에서 돋보였던 것은 '마을운영시스템'이다. 2004년부터 농촌체험마을을 시작하였으나, 많은 시행착오를 겪은 마을이다. 아무리 환경이 좋고 정부지원자금이 들어온다고 하더라도 마을주민들이 협동·단결하지 않으면 결국 평화스런 마을 분위기가 깨지고 갈등만 심화된다는 것을 느꼈다. 마을운영의 핵심요체는 마을주민들 간의 단합과 협력이 관건이라는 것이다.

2008년 12월에 마을운영위원장으로 취임한 김지용 씨는 체험마을사업 활성화를 위해서 주민들의 참여와 관심을 높이는 데 주안점을 두고 마을운영을 하고 있다.

주요 역점추진방향은 첫째, 투명경영이다. 공(公)과 사(私)를 구분하고 솔선수범하자는 것이다. 매일 마을운영일지를 작성하고, 매달 주민들을 모아 결산보고를 하고 있다. 철저한 운영

공개를 하여 주민들과 공감대 형성으로 신뢰분위기를 조성해 나가기 위함이다.

둘째, 사람의 마음을 움직이는 '인센티브제도'를 철저하게 적용하였다. 마을 공동 일에 참여한 누진일수에 따라 연말 운용수익금에 대해 적정하게 배분을 해주고 있다. 마케팅활동을 활성화하기 위해 고객을 유치한 사람에게는 방문객 1인당 200원을 인센티브로 지급하고 있는 것도 특이한 점이다. 이는 두 사람의 사무장에게도 지급되는데 마을사업이 더욱 탄력을 받고 있는 요인이 되고 있다고 한다.

셋째, 마을자원은 공동자산인 만큼 연말 결산 때 남는 이익금에 대해서는 미참여농가에 대해서도 적정하게 배분을 해준다. 다함께 공동체 정신을 갖고 마을사업에 뜻을 모으자는 취지이다. 미참여농가들은 여러 가지 사정으로 마을사업에 직접 참여는 못 하고 있지만 아낌없는 격려와 성원을 보내고 있다고 한다.

이런 경영시스템을 확고하게 갖추고 운영을 하다 보니까 마을개발에 더욱 가속도가 붙고 있다. 마을 발전에 대한 주민들의 충성도와 응집력을 높이기 위해서는 무엇보다 신뢰감 조성과 동기를 부여하는 인센티브 제도가 소중하다. 마을주민들의 협동·화합은 지속 가능한 체험마을로 이끄는 잠재적 성장 동력이 될 것이다.

훌륭한 비전과 목표 아래 참여와 관심을 불어넣는 동기 부여로 함께하는 마을공동체를 만들어 가자. 경영학자 톰 피터스는 '최고의 사업관행을 갖춘 기업이 시장 경쟁력을 갖추고 세상을 지배한다'고 했다. 그만큼 조직의 경영시스템은 소중하다는 의미다. 더욱 확산되고 있는 '슬로라이프' 시대에 함께하는 리더십으로 마을브랜드가치를 높여 나가자. 훌륭한 리더십은 결국 우리의 '의지'와 '상식' 속에서 탄생된다.

9. 부녀회 리더십

2009년 말, 경북 상주시 화동면 신촌마을에서 도농교류활성화 전략에 대한 현장교육이 있었다. 농촌마을이 상품화되어 가는 시대에 체험마을로 가꾸어 보겠다고 부녀회원들이 앞장서서 이루어진 교육이었다.

찬바람이 쌩쌩 부는 추운 날씨에도 불구하고 이른 아침부터 마을주민 100여 명으로 교육장이 가득 메워졌다. 교육내용은 도시민과 함께하는 농촌체험마을의 운영전략, 선진마을의 우수사례 등이었다. 변화하는 시대흐름에 공감대를 형성한 듯 주민들의 교육태도는 매우 진지했다. 특히 부녀회원들의 의지와 단결력이 돋보였는데, 도농교류활성화를 위해서는 여성들의 지혜로움과 부드러움이 필요함을 많이 느끼게 해주었다.

교육 후 점심식사 때 부녀회원들이 마을 어르신네들을 위해 손수 만든 전통음식들을 맛보여 주었다. 상주특산물인 감요리를 비롯한 손두부, 산나물무침, 장아찌, 떡 등 요리들은 모두가 일품이었다. 맛있는 음식과 막걸리가 어우러지면서 마을잔치가 돼버렸다.

요즘은 교통이 발달해 서울에서도 두 시간이면 이 마을에 충분히 도착할 수 있다. 마을의 얼음골동산 빙벽은 그 경관이 너무나 아름다워서 유명한 사진촬영지로 입소문을 타고 있다. 부녀회장과 회원들은 민박 준비를 해서 도시민들을 맞이하겠다는 각오가 대단하였다. 침체된 여느 마을과는 분위기가 다르게 이 마을은 부녀회를 중심으로 그 열기가 남달랐다. 남들이 어렵다고 해서 따라서 걱정할 수만은 없다는 것이다. 그야말로 암탉이 많이 울어야 마을이 발전하는 시대로 변화되고 있는 모습을 읽을 수 있었다.

불황의 시기일수록 온유함과 끈기를 바탕으로 하는 여성의 힘은 더욱 빛난다. 역사적으로도 국난의 극복에는 항상 여성들의 힘이 중심이 되어 왔다. 임진왜란 때 여성들이 행주치마에 돌덩이를 남아 왜적을 물리쳤으며, 일제치하에서도 유관순 열사가 앞장서서 독립만세를 외치지 않았던가.

경기 침체기에는 농산물소비도 줄어든다. 각종 행사나 모임, 관광 여행 등이 줄어들기 때문이다. 이럴 때일수록 감성과 창의력이 풍부한 여성들의 기지가 돋보인다. 강원도 원주시 광천마을 부녀회에서는 몇 년 전부터 메주사업을 실시했다. 작년에 마을황토방 체험관에서 메주를 떠서 '황토메주'라는 브랜드로 새로운 판매 사업을 시작했다.

일반메주와 달리 맛과 향이 뛰어나 단연 소비자들의 관심을 끌었다. 소비자들의 반응에 자신감이 붙은 부녀회원들은 아이디어를 하나 더 보탰다. 마을 뒷산에서 채취한 고로쇠 물로 메주를 담갔다. 그래서 메주브랜드가 '황토고로쇠메주'가 되었다. 더하기(+)의 창의력을 발휘한 셈이다. 더욱이 KBS방송국 '6시 내고향'이라는 프로그램에 소개되자 메주 주문 신청이 쇄도했다고 한다.

이런 사례는 여성들의 지혜로움이자 불황을 뚫는 아이디어다. 콩 농사를 지어서 그냥 팔면 1차 산업에 머물고 만다. 하지만 그 콩을 가지고 메주를 담가서 팔면 세 배 이상으로 부가가치를 높일 수 있다고 한다.

1차 산업에서 2차 산업으로 진화하면서 부가가치가 높아지는 것이다. 더 나아가 마을에서 직접 도시민들을 대상으로 민박·체험 등 서비스와 판매사업을 하면 3차 산업으로 발전한다. 도시민들이 마을을 방문하면 마을 농·특산물도 구매하고, 음식도 사먹고 숙박도 하게 된다. 이러면서 자연적으로 농외소득이 오르게 되는 것이다.

새가 비를 피하는 법은 두 가지라고 한다. 독수리처럼 구름을 뚫고 더 높은 창공으로 올라가거나 참새처럼 처마 밑으로 들어가는 것이다. 당장은 처마 밑이 편할지 몰라도, 참새는 끝내 구름 위 눈부신 푸른 하늘을 보지 못하게 된다. 위기일수록 독수리처럼 용기와 지혜가 필요하다.

한국은 '사람'으로 기적을 이룬 나라이다. 거기에는 항상 여성들의 온유함, 그리고 지혜와 끈기가 자리 잡고 있었음을 잊지 말아야 할 것이다. 여성적 감성이 농촌에 활력을 불어 넣게 된다. 대한민국 농촌여성들이여, 파이팅!

10. 멀리 보는 지혜

'바닷물만큼의 이성보다 한 방울의 사랑이 더 많은 것'이라고 수학자 파스칼은 말했다. 진정 성공한 사람들은 자기 일이 급해도 결코 사람을 놓치고 가지 않는다는 것이다. '똑똑하기보다 친절하라'는 유태인 속담과도 같은 의미다. 돈이 많고 지위권세가 높다고 하더라도 사람의 마음을 얻지 못하면 성공한 사람이라고 볼 수 없을 것이다. 세상에서 가장 어려운 일은 사람이 사람의 마음을 얻는 일이라고 말한다.

필자는 마을지도자들에게 강의를 할 때 아프리카 속담인 '멀리 가려면 함께 가라'는 메시지로 협동의 중요성을 강조한다. 아무리 잘난 사람이라도 세상을 내 편으로 만들지 못하면 오래 가지 못한다. 자신은 현미경으로 보고 남은 망원경으로 보는 자세가 필요하다. 즉 자기에게는 완벽을 기하고 남에게는 관대하라는 의미다.

이제 우리도 잠시 하는 일을 멈추고 주변을 둘러보자. 힘들고 어렵게 살고 있는 분들에게 좀 더 가까이 가도록 노력해 보자. 눈높이를 낮출수록 할 일이 많고 행복할 거리가 사방에 널려 있다. 함께 가도록 노력해 보자.

　시골마을은 더구나 공동체 사회이다. 함께 해야 할 일들이 많다. 전형적인 농촌마을일수록 살맛나는 세상을 만들려면 더불어 함께하는 마음을 가져야 한다. 아무리 그림 같은 집을 짓고 살아가더라도 뭇사람들과 마음을 함께하지 못하면 성공한 인생이라고 말할 수 없다.

　작은 것이라도 진짜 마음을 주어야 마음을 얻는다. 일례로, 어느 사람과 약속을 해서 먼저 도착해 있는데, 상대방이 5분 정도 늦을 것이라는 전화가 오면 여기에 어떻게 답을 할 것인가? "천천히 오세요", "괜찮습니다"라는 것은 무난한 답변이다. 하지만 세상을 자신의 편으로 만들 줄 아는 사람은 "저도 지금 가는 중입니다"라고 답해야 한다는 것이다.

　사람들 사이에서 배려, 칭찬, 미소 등의 하이터치를 하면 서로를 끌어당기는 에너지가 발생하게 된다. 세상 모든 것이 에너지이고 마음의 문을 열면 서로를 끌어당길 수 있다. 세상에 무엇을 줄 수 있을지를 고민해 보면 멀리 함께 가게 될 것이다.

11. 사람이 희망이다

2010년 4월에는 강원 홍천군에 있는 해발 700m 고산지대에 자리 잡은 '바회마을'에서 대기업인 한국공항(주)과 자매결연식 행사가 있었다.

이곳은 인간의 생체리듬에 가장 좋다는 '해피(Happy) 700'으로 알려진 체험휴양마을이다. 공기, 물, 햇볕이 좋아 술 한 짝 마셔도 취하지 않는 곳이라고 한다.

봄에는 다양한 야생화를 볼 수 있고, 여름에는 푸른 산림과 맑고 시원한 계곡에서 물놀이를 즐기며, 가을에는 오색 단풍이 물들어 아름다움을 자랑하는 곳이다. 품질 좋은 곰취나물 생산은 이 마을의 특산품이다. 수질도 좋아 자연수 그대로 식수로 이용하고 있다. 도시에서 수돗물 마실 때와는 생활에서도 그 차이를 확연히 느낄 수 있다고 한다.

자매결연업체인 한국공항(주)은 비행기 탑승에 대한 출국수속절차와 화물수송 업무 등 항공기 지상조업서비스를 주로 하는 대기업이나. 기내식 식품을 공급하기 위해 제주도에서 대규모 목장까지 운영할 만큼 농업·농촌에 대한 애정도 각별하다. 회사의 임직원들이 약 4천5백여 명으로 규모가 아주 큰 회사이다. 앞으로 많은 임직원들이 이 마을을 찾게 될 것으로 보인다.

이곳 바회마을은 자연환경과 인심이 좋은 농촌체험관광마을로 최근 소문이 자자하게 난 곳이다. 심신을 휴양하고 마음 편안하게 쉬어갈 수 있는 곳이기 때문이다. 때 묻지 않은 자연이 좋아 아예 귀농·귀촌한 분들도 많다.

이 마을의 운영모토는 '살고 싶어 돌아오는 마을 만들기'이다. 쾌적한 자연환경 속에서 인간다운 삶을 살아가는 정겨운 마을분위기를 만들어 보자는 것이다. 그야말로 '자연과 인간을 존중하는 삶'이라는 것이다. 마을에 찾아오는 손님에 대해서도 따스한 정(情)으로 최대한 편안함을 제공하고 있다. 농가수가 열아홉 개밖에 되지 않는 조그마한 마을이 대기업과 자매결연을 맺을 수 있는 것은 그만큼 굳건한 단결력에 의한 마을공동체의 역량이 컸기 때문이라고 볼 수 있다.

자매결연식을 마치자마자 마을회관에서 한국공항(주)과 바회마을에서 각기 만든 파워포인트 소개 자료에 의한 기업과 마을에 대한 현황설명이 있었다. 마을의 운영현황 및 장기발전계획에 대해 이정애 마을사무장으로부터 설명을 듣고서 많은 감명을 받았다. 마을주민들이 주인의식을 가지고 헌신적인 자세로 마을공동 일에 참여하고 있다는 것이다. '협동하는 마음'이 마을의 핵심경쟁력이라고 한다.

마을공동소득사업인 '1촌1명품화사업'으로 표고버섯과 더덕을 재배하고 있으며, 부녀회에서는 절임배추사업과 장류사업을 실시하고 있다. 지역특산물로 풋고추, 고랭지 무·배추, 감자 등이 있으며, 콩(백태, 서리태), 팥은 철저하게 친환경재배를 하고 있다고 한다. 마을공동 땅을 구입하여 마을공원 조성사업과 테마별 체험장 설치사업을 추진하고 있으며, 100여 명을 수용할 수 있는 깨끗한 공동숙박시설도 운영하고 있다. 마을로고도 제작하여 농산물 포장에 활용하고 있다.

앞으로 미래에 펼쳐나갈 사업을 구체적으로 설정해 놓고 차근차근히 진행하고 있다는 얘기를 듣고 마을개발사업에 대한 의지가 대단함을 느낄 수 있었다. 머지않아 행복이 더욱 넘쳐나는 산촌 파라다이스마을로 탄생될 것으로 기대된다.

이런 조그만 마을에서 마을특색사업과 체험관광사업을 열심히 할 수 있는 것도 마을주민들의 결집된 힘이 컸기 때문이다. 주민들 스스로가 우리는 한 가족이라는 마음이 없었다면 오늘날의 바회마을은 없었을 것이라고 한다. 항상 열린 마음으로 마을을 방문하는 고객이나 지역 특산물을 애용하는 소비자에 대한 애정도 남다르다. '사람이 꽃보다 아름답다'는 신념으로 살아가고 있다는 주민들의 말씀에 부러움이 앞선다.

12. 갈등관리

> "세상에서 가장 어려운 일이 뭔지 아니?"
> "흠, 글쎄요. 돈 버는 일? 밥 먹는 일?"
> "세상에서 가장 어려운 일은 사람이 사람의 마음을 얻는 일이란다. 각각의 얼굴만큼 다양한 각양각색의 마음을 얻는 일…… 그 바람 같은 마음이 머물게 한다는 건 정말 어려운 거란다."
> "정말 그런 것 같다. 사람이 사람의 마음을 얻는 것만큼 힘든 일은 없을 거야."
> "……"

이는 생텍쥐페리의 「어린왕자」 중에 나오는 말이다. 참으로 사람의 마음을 얻기가 힘들다는 얘기다. 마음은 물질과 다르게 의욕을 갖는다고 해서 쉽게 얻어지는 것이 아니다. 아무리 좋아해도 상대방은 마음을 쉽게 주지 않는 경우가 많다. 내가 좋아하는 사람이 나를 좋아하는 것은 정말 기적이라 할 정도라고 말한다. 세상은 자기 마음 같지 않다. 그래서 갈등은 인간이 모여 있는 곳에는 상존하기 마련이다.

갈등으로 인한 고뇌도 크다. 어느 사회나 어느 조직이나 갈등 때문에 말도 많고 탈도 많다. 갈등은 서로 간에 피곤한 입장을 만들고 그 골이 깊으면 평생 원수로 변할 수도 있다. 신영복 교수는 「감옥으로부터의 사색」에서 '우리를 가장 아프게 베는 것은 칼날이 아니고 사람과의 관계에서 받은 상처'라고 말하기도 하였다. 그만큼 갈등의 아픔이 크다는 얘기다.

공동체를 운영해 나가는 데 있어서도 구성원 간에 갈등은 커다란 문제로 대두된다. 더구나 마을은 수평적 공동체이기 때문에 말썽의 소지가 많을 수 있다. 의사결정을 하는 데 있어서도 대부분 일일이 이해와 협조를 구해야 한다. 수직적 계열의 의사결정구조를 가진 기업이나 공공기관처럼 일사불란하게 나아갈 수 없다.

특히 농촌체험관광마을의 경우 주로 비즈니스 성격의 운영체인 것만큼 이해관계문제가 일어날 수 있다. '수익분배문제', '공동사업과 개인사업의 상충', '공동체 의식결여', '리더십 문제' 등으로 인하여 갈등이 야기된다. 돈이 수반되는 곳에는 이해관계에 더욱 예민해질 수 있다. 그리고 도시민들이 귀농, 귀촌으로 정주할 경우 마을 주민들과 문화적 차이 등으로 갈등을 느낄 수도 있다. 이처럼 마을이 겉으로 보기에는 평화롭게 보이지만 다양한 측면에서 갈등의 씨앗이 탄생될 수 있는 것이다.

그렇다고 갈등은 꼭 나쁜 것만은 아니다. 오히려 일을 많이 벌일수록 더욱 갈등이 따를 수 있다. 부딪힐 일이 많아지기 때문이다. 갈등 자체를 부정해서는 안 된다. 다만 갈등을 새로운 상생을 위한 에너지로 어떻게 만들어 나가느냐가 중요하다. 오해로 잘못된 것을 이해시키고, 나쁘게 흘러가는 분위기를 바로잡을 수도 있다. 아픈 만큼 성숙하다는 말이 있듯이 갈등은 화합과 변화의 계기가 될 수 있다. 갈등이 무서워 피해가려는 태도가 아니라 어차피 발생한 갈등을 해소하여 새로운 기회의 발판으로 만들어가야 한다. 갈등은 늘 안고 갈 영원한 숙제로 함께 노력하는 길밖에 없다.

마음의 창문이 다르다

갈등의 근원은 결국 세상을 바라보는 마음의 창문이 다르기 때문이다. 자신의 인식이나 판단에 한계가 있을 수도 있고, 사실을 확인하지 않은 채 섣부른 판단으로 인한 오해의 경우도 있다. 열린 자세나 객관적인 시각으로 현상을 보아야 하는데 자기중심적으로 치우칠 수 있다. 갈등이 심화된 상황에서는 시야는 좁아지고 감정에 매몰되는 경향이 있어 더욱 문제가 꼬일 수도 있다. 흑백 논리에 함몰되면 끝없는 평행선으로 탈출구가 보이지 않는다. 한쪽으로 편향된 감정은 영원히 돌아오지 못할 강을 건너 원수의 지경에 이르기도 한다.

갈등은 사람마다의 가치관, 성격, 이해관계 등으로 이해의 바탕과 인식이 다를 수 있다. 똑같은 현상이라도 보는 관점이 다르면 갈등이 발생하게 된다. 동일한 현상이라도 긍정과 부정이 상반된 것으로 나타나 사람에 따라 얼마나 큰 시각 차이가 나는지를 전옥표 씨의 「이기는 습관」 예화에서 보여주고 있다.

마을이 훤히 내려다보이는 언덕 꼭대기, 한 노인이 길가의 나무 그루터기에 앉아 있었다. 그 앞을 지나던 어떤 여행자가 그에게 다가와 물었다.
"아랫마을에는 어떤 사람들이 살고 있나요?"
노인은 대답 대신 이렇게 되물었다.
"당신이 떠나온 마을에는 어떤 사람들이 있었소?"
"화를 잘 내고, 정직하지 못하고, 형편없는 삶의 낙오자들이오."
여행자가 대답했다.
"여기에서도 똑같은 사람들을 만나게 될 것이오."

노인이 말했다.

몇 년 후, 노인 앞을 지나던 다른 여행자가 같은 질문을 했다.
"아랫마을에는 어떤 사람들이 살고 있나요?"
노인이 그에게도 똑같이 물었다.
"당신이 떠나온 마을에는 어떤 사람들이 살고 있었소?"
"친절하고, 정직하며, 예의 바르고, 인정이 넘치는 사람들이오."
그러자 노인이 대답했다.
"이 마을에도 그들과 똑같은 사람들이 살고 있다오."

때로는 아무리 좋은 진실도 외면을 당해 곤란에 처할 수도 있다. 마을지도자가 열정을 쏟아 헌신적으로 일하는 경우에 질투와 시샘으로 빛이 발하지 않는 경우가 있다. 마을사업에 소외된 사람들의 시각이 있기 때문이다. 마을주민 모두에게 체면과 명분을 어떻게 살려줄까에 대해서도 진지하게 고민해 봐야 한다. 거기에는 '이해관계'라는 보이지 않는 큰 요인이 잠재되어 있을 수도 있다. 마을지도자는 이것을 간파하여 해결의 실마리를 찾도록 해야 한다.

필자의 경우 어린 시절 아버지께서 마을이장을 10년 가까이 하였는데 마을 경지정리사업, 하천보수작업, 마을뒷산 산림녹화사업 등을 할 때 주민들 간의 이해관계로 발생하는 많은 갈등현상을 보았다. 각자의 입장이 다르기 때문에 전체의 의견을 조율한다는 것이 무척 어렵다는 것을 알게 되었다.

갈등의 주제보다는 푸는 방식에 어떻게 초점을 두느냐가 중요하다. 누가 옳고 그르고 문제가 아니라 인식과 욕구의 문제로 어떻게 푸느냐이다. 갈등은 대부분 의도하지 않게 발생하지만 갈등이 저절로 평화적이고 건설적으로 해결되는 경우는 많지 않다. 갈등을 잘 해결하기 위해서는 진짜 마음을 주어야만 마음을 얻는다는 기본자세가 중요하다. 건성으로 대하면 진실성이 미약해 근본적으로 갈등이 해소되지 않는다.

갈등을 최소화시키는 방안으로 우선 갈등발생을 원천적으로 차단하는 제도적 장치가 필요하다. 모든 회계처리나 중요한 업무에 대해서는 무엇보다 명료하게 처리해 신뢰감이 가도록 해야 한다. 갈등의 대부분은 불신에서 초래되는 경우가 많다. 신뢰감이야말로 공동체 운영의 생명줄이라고 볼 수 있다.

둘째, 마지막 한 사람까지라도 이해시키려는 노력이 필요하다. 한 사람으로 인해 전체 분위기가 흐려질 수 있다. 다수결의 원칙이 최고라고 생각해서는 안 된다. '멀리 보면 함께 가야 한다'는 마음으로 대처하는 것이 좋다. 중요하고 애매한 것일수록 회의도 자주 해야 하겠지만 가급적 영농회, 청년회, 부녀회, 노인회, 작목반 등 조직별 회의를 통해서 문제를 정밀하고 구체적으로 접근하는 것이 좋다. 문제발단의 실마리를 작은 것에서 찾다 보면 의외로 쉽게 풀릴 수도 있다. 때로는 마을 원로분들의 고견을 들으면 지혜로운 방법을 찾아낼 수도 있을 것이다.

셋째, 논란의 소지가 많은 사항에 대해서는 마을운영규약으로 정해두면 판단의 기준이 된다. 마을운영규약을 정할 때는 효율적이고 합리적인 방안을 취해야 한다. 선진마을의 규약사례와 성공한 마을과 실패한 마을의 사례를 참고해 보는 것도 좋을 것이다. 특히 회계처리의 경우에는 마을운영위원장, 이사회, 총회 등에서 처리할 수 있는 금액에 대해 전결권(금액정도에 따라 부여하는 결제 권한)을 미리 정해 놓으면 업무처리가 원활히 이루어질 것이다.

넷째, 마을사업 소득에 대한 합리적 배분방법이다. 아무리 좋은 사업도 피부에 와 닿는 이익이 없을 때 그만큼 참여 동기가 줄어들게 된다. 마을사업 참여농가와 비참여농가 간에 배분 비율은 합리적인 방안을 마련해서 실천해야 한다. 참여자들에게는 철저한 인센티브제 운영으로 참여동기를 높여 나가야 할 것이다. 마을자산은 공동체 소유라는 인식으로 비참여자에게도 수익이 다소 크게 실현될 경우 일정부분을 배분하는 등 방법으로 명분을 세워주면 좋을 것이다.

이처럼 갈등을 해소하는 방법에는 다양한 방법이 있을 수 있다. 갈등 상황에 맞는 의도적이고 다양한 해결노력이 필요하다. 갈등을 한 번에 푸는 쌈박한 방법보다는 갈등 원인을 하나씩 제거하면서 갈등의 강도를 낮춰 나가야 할 것이다.

결국 모든 갈등은 고통을 동반하지만 결과가 항상 나쁜 것만은 아니다. '비 온 뒤에 땅이 굳는다'는 속담처럼 이전보다 성숙해질 수 있다. 갈등은 상대와 자신과의 사이라고 생각하면 된다. 성경에 '자신이 존중받고 싶은 대로 상대를 존중하라'는 말이 있는데, 한 걸음 더 나아가 '상대가 존중받고 싶은 대로 행동'하면 갈등의 소지가 상당히 해소될 것이다. 마을공동체를 위해 스스로 양보하거나 배려, 헌신, 희생하는 자세야말로 미래로 나아가는 갈등관리의 중요한 덕목이 될 것이다.

PART 07

보랏빛 소처럼 눈에 띄는 마케팅

- 마케팅 하라 -

보랏빛 소처럼 눈에 띄는 마케팅
- 마케팅 하라 -

1. 보랏빛 소가 있는 마을

마케팅학자 세스 고딘이 프랑스 초원을 여행했다. 수백 마리의 소떼를 보면서 감탄, 또 감탄하지만 20분이 지나지 않아 창밖의 풍경을 외면했다고 한다. 지루했기 때문이다. 그런데 만약 그 소 떼 가운데에 '보랏빛 소'가 있었다면 어땠을까? 갑자기 눈이 휘둥그레져서 몸을 벌떡 일으켰을 것이다.

이는 상품이 흘러넘치는 시대에 주목할 만한 가치가 있어야 팔린다는 것을 시사하고 있다. 예컨대 순두부찌개 같은 간단한 음식도 특징만 있으면 잘 팔리고, 그 맛을 본 사람들은 자기 친구들에게 소문을 퍼뜨릴 것이다. 아무리 광고를 해도 상품 자체가 독특하지 않으면 소비자의 눈에 띄지 않는다고 세스 고딘은 그의 저서 『보랏빛 소가 온다』에서 밝히고 있다.

마을도 마찬가지다. 도시민들이 농촌을 방문할 때 마을의 특성이 비슷비슷하다면 금세 지루함을 느낄 것이다. 마을이 독창성을 잃고 천편일률적일 때 도시민들은 곧 싫증을 느끼게 된다. 마을마다 도시민들을 즐겁게 하고 이야기할 만한 독특함이 있을 때 다시 찾는 농촌마을이 될 것이다.

선진국의 농촌관광의 추세를 보면 초기 시장형성단계를 거쳐 양적 성장단계와 질적 발전단계를 지나 테마별 공급자 그룹을 형성하고 있다. 우리도 질적인 단계로 진입하기 위해서는 마을상품화를 위한 차별화 전략이 무엇보다 필요하다.

주민들의 내발적 요인에 의한 지속 가능한 발전을 도모하기 위해서는 주민참여형 중심으로 마을브랜드 만들기에 주력해야 한다. 우리나라의 약 3만 6천 개의 농촌마을이 제각기 다른 특색을 가지고 나아간다면 오늘날의 농촌이 더욱 매력적인 곳으로 도시민들이 즐겨 찾는 곳이 될 수 있다. 그야말로 장소마케팅을 할 수 있도록 장소에 매력성을 갖추도록 해야 한다. 특징 있는 체험프로그램을 만들어 '연출에 의한 추억 창출'이 될 수 있도록 노력해야 할 것이다.

농촌관광마을이라고 해서 꼭 자연경관이 아름답거나 매력적인 포인트가 많아야 된다는 것은 아니다. 농산물 하나라도 특화해서 브랜드화하면 유명마을이 되는 것이다. 세계적으로 널리 알려진 브로드와인, 코냑도 프랑스의 포도 주산단지인 농촌마을에서 각각 탄생된 것이다. 스카치위스키도 스코틀랜드의 농촌마을에서 만들어져 세계적인 브랜드가 되었다. 우리나라에서도 포도나 산머루 주산단지에서 와인을 제조하여 부가가치를 높이고 있다. 끊임없이 노력해 나가다 보면 세계적인 명품마을로 자리매김할 수 있을 것이다.

마을의 자원이 우수한 상품성을 지니고 있다 하더라도, 독특한 마을이미지와 결합되지 않는다면 마을브랜드로서 성공하기 어렵다. 마을의 브랜드를 구축한다는 것은 특정 요소들을 끌어다가 일관된 이미지를 형성, 강화시켜 주는 것이기 때문이다.

2. 마을브랜드 만들기

오늘날은 브랜드가 소비자의 이미지를 좌우하는 '브랜드 세상'이라고 말하고 있다. 브랜드가 제품, 서비스를 능가하는 부가가치를 창출하며 기업의 운명까지 결정짓는 막강한 파워를 행사하고 있기 때문이다. 영국의 앵글로 색슨족이 빨갛게 달군 인두를 가축에 낙인한 데서 유래했다는 브랜드는 이제 기업을 먹여 살리는 생존과 관련된 가장 중요한 자산이 되고 있다. 브랜드의 가치에 대해 어느 대기업의 한 임원은 "반도체나 휴대전화를 잘 만드는 것은 작은 장사이고 브랜드의 가치를 높이는 게 큰 장사"라고 말하고 있다. 이제 브랜드 그 자체만으로 소비자의 지갑을 열게 하는 심리를 넘어서 행동에 이르기까지 '파워'를 갖는 시대가 되었다.

기업의 브랜드뿐만 아니라 마을의 브랜드도 마찬가지다. 오지의 시골마을이 전국적인 명소로 자리매김하는 데에는 브랜드의 역할이 크다고 볼 수 있다. 최근 마을브랜드 유명세로 마을의 이름값이 높아지면서 끊임없는 도시민들의 방문 속에 농산물직거래 판매가 늘어나고 있는 마을이 많다. 이제 마을의 브랜드를 살리고 만드는 일이 곧 마을의 미래를 위한 장기적인 자산인 동시에 경쟁력이 되고 있다.

마을브랜드는 방문객이 언론매체나 인터넷 등을 통해 사전에 알고 있는 마을 이미지 요소들의 집합체라고 할 수 있다. 마을이라는 독립된 장소를 브랜드화하는 것은 마을에 매력을 부여함으로써 마을의 정체성을 구축하는 것이다. 이를 소비자의 관점에서 보면 마을브랜드란 소비자가 마을의 매력요소들을 끌어와서 일관된 이미지를 형성시켜야 하는 체계적인 접근을 요구하는 과정이라고 할 수 있다.

특히 마을브랜드는 마을을 찾는 고객에게 마을 이미지의 차별성을 부각시키는 등 독특한 이미지를 구현하지 않고서는 도시민을 끌어들이지 못한다. 마을의 차별화된 브랜드를 위해서는 구체적이고 심도 있는 전략이 필요하며, 또 공동체적인 마인드에서 이윤을 추구하는 기업가적 경영마인드로 번화되어야 한다. 마을브랜드는 톡톡 튀는 개성과 고유성 그리고 전통을 살린 이미지로 구축해야 한다. 마을의 개성이 고객의 기억에 연상될 수 있도록 특성화된 마을 브랜드로 개발해 나가야 한다.

마을브랜드 개발전략

마을개발의 성패는 마을 특성을 살린 브랜드 관리와 효율적인 마케팅 전략으로 어떻게 마을을 명소로 만드느냐는 것이다. 따라서 브랜드가 있는 마을이 되도록 전략적인 지혜가 필요하다.

우선, 마을브랜드는 마을의 매력을 가장 정확하고 뚜렷하게 나타낼 수 있는 대표성·선명성이 있어야 할 뿐 아니라 마을의 특성과 이미지를 가장 잘 연상되도록 전달할 수 있는 지역성과 차별성을 갖춰야 한다. 도시민들은 가슴에 담긴 마을 이미지를 찾는다. 그 마을에 가면 무엇을 보고 느끼려는 기대치를 갖게 된다. 예를 들어 '오리농법쌀-토고미마을', '아름다운 옛 농촌 풍경-다랭이마을', '시골마을의 작은 축구장-외갓집마을', '맑은 계곡의 생태마을-한드미마을', '어머니의 손맛-김천옛날 솜씨마을', '따스한 인정-하늘나리마을'처럼 특성과 마을이 서로 연상되도록 이미지 부각이 필요하다.

둘째, 마을브랜드를 특화시키기 위해서는 마을브랜드 개발유형을 설정해야 한다. 특산물 중심의 농산물 판매형, 농촌체험 중심의 감성형 또는 학습형, 휴양 또는 민박중심의 자연경관형 등 어느 유형으로 개발할 것인가에 대해 우선적으로 결정해 놓고 추진해야 한다.

셋째, 표적시장을 세분화해야 한다. 어느 고객을 타깃으로 할 것인가에 대해 구체적으로 접근해야 한다. 마을의 체험상품 판매는 자연과 함께 하는 특수성을 갖고 있으므로 마을의 강점과 약점을 체계적으로 분석하고 수요를 예측하여 어느 측면에 인적·물적 자원을 집중해야 하는가에 대해 물음을 제기해야 한다. 고객세분화 대상으로는 가족단위, 학생, 기업체 임직원, 도시주부, 출향인사, 동호인 등 구체적으로 세분될 수 있다.

넷째, 마을브랜드 상품화 추진은 점진적으로 접근해야 한다. 대규모 수익시설 위주의 개발보다는 자연환경보전을 우선시하는 소규모 시설 또는 활동중심으로 전개해야 한다. 환경오염을 극소화한다는 원칙을 가지고 추진해야 한다.

다섯째, 마을브랜드 이름 작명을 새롭게 시도해 보는 것도 좋다. 기존 지명을 그대로 활용할 수 있지만 마을의 테마나 어메니티의 매력성 등을 기억하기 쉽고 말하기 쉬운 것으로 작명해 보는 것이다. 새로운 브랜드 이름 활용 유형으로는 대표자원, 유명자원, 개발방향 이미지, 마을유래, 복합형 등으로 생각해 볼 수 있다.

여섯째, 로고·캐릭터 제작활동이다. 로고와 캐릭터는 마을을 대표할 수 있는 자연과 농산물자원, 문화특징 등을 살려 이미지로 형상화하여 활용하는 것이 필요하다. 이와 함께 캐치프레이즈를 정해서 도시민과 함께 하는 마을로서 서로 도움이 되는 역할을 하겠다는 의지를 하나의 문장으로 요약하여 마을 홍보, 광고 문안 등으로 활용하는 것도 바람직하다.

마을브랜드는 마을과 도시민을 연결시켜 주는 징검다리와 같은 역할을 하게 된다. 사람들이 징검다리를 이용해서 물에 빠지지 않고 개울을 건널 수 있는 것과 마찬가지로 도시민들의 욕구충족 속에서 가치 있게 마을을 방문할 수 있도록 신뢰감을 높여나가는 것이 중요하다.

브랜드는 고객의 마음을 사로잡는 매력이다. 다만 예전처럼 빨갛게 불에 달군 인두가 아니라 고객을 감동시킬 수 있는 브랜드 상호작용을 통해서 가치를 표출해야 한다. 마을방문객의 마음속에 다른 마을 브랜드보다 좀 더 독특하고 호의적인 의미를 형성하고 있을 때 비로소 '파워브랜드 가치'가 창출될 것이다.

3. 마을의 고객은 누구인가

2010년 초, 공직자들을 대상으로 특강할 기회를 가졌다. 소비자의 권익보호와 소비생활의 합리화를 위해 노력하는 한국소비자원 임원 및 간부직원 등 50여 명이 모인 자리에서 '농촌사랑운동의 이해와 실천'이라는 주제로 강의를 하였다. 도농교류의 촉매 역할을 하는 농촌사랑운동을 이해하고 농산물을 비롯한 농촌체험상품의 소비품질을 향상시키도록 많은 지도와 지원을 당부하였다. 시종일관 진지하게 강의를 듣는 모습에 감사함을 느꼈다.

필자는 당시 강의를 통해 농촌의 소비자, 즉 '고객은 누구인가?'에 대해 다시금 진지하게 생각해 볼 필요성을 느꼈다. 우리 농산물 브랜드가치의 인지도가 날로 상승해 가고 농촌 방문객이 늘어나는 시점에서 농촌을 대상으로 하는 소비자에 대한 고객정의는 참으로 소중하다. 더구나 농촌이 하나의 시장경제공간으로 형성되는 상태에서 고객의 정의를 분명히 해야만 마을주민들의 역할이 더욱 명확해질 수 있기 때문이다.

그러면 농촌의 고객을 구체적으로 어떻게 규정해 나갈 것인가? 농촌의 주요 고객은 역시 농산물을 소비하고 농촌체험을 하는 도시민들이라고 볼 수 있다. 농촌 고객인 그들에게 농촌상품의 소비품질을 어떻게 높여 나가느냐가 중요하다. 농촌의 주요 상품으로는 농산물, 전통음식, 체험활동의 범주로 크게 나누어 볼 수 있다고 생각한다. 날이 갈수록 고객욕구가 더욱 고급화, 다양화, 개성화되고 있는 마당에 농촌상품의 진정성과 양질의 서비 스품질로 고객만족경영을 해야 할 것이다.

우선 농촌 싱품의 소비고객에 대한 가장 기본적 책무는 안전하고 품질 좋은 농산물을 생산해야 한다. 소비자의 소득수준이 높아지면 농산물의 가격보다는 품질에 대한 관심이 점점 많아지는 것은 당연하다. 특히 식품에 대한 안전성 문제가 소비자의 가장 큰 관심을 끌기 때문에 친환경농산물 생산으로 나가야 한다. 환경오염의 심각성으로 친환경농산물에 대한 선호도는 날로 상승해 가고 있다.

그리고 특색 있고 세분화된 농산물 소비욕구에 어떻게 부응해야 할지 더욱 고민해야 한다. 고구마 하나를 놓고 보더라도 호박고구마, 밤고구마, 자색고구마 등 다양성으로 고객을 유혹하고 리드해 가야 하는 것이다.

둘째는, 농촌음식에 대한 선호이다. 서구화된 음식 영향으로 골방으로 밀려난 우리 음식들이 이제 인기리에 소비자의 마음에 회귀하고 있다. 비빔밥 한 그릇을 제대로 먹기 위해서 시골마을을 찾는 고객도 많다. 옛날 어머니가 계절 채소와 고추장 그리고 참기름 한 방울을 떨어뜨려 썩썩 비벼준 그 맛있는 비빔밥이 생각나기 때문이다. 요즘 비빔밥을 찬양하는 이들을 보면 비빔밥에 소우주(小宇宙)가 담겨 있다고 한다. 정월에 담그는 장(醬)부터 계절 나물이 다 들어간다. 갓 요리한 파전에다가 걸쭉한 막걸리 한 잔을 마시기 위해서도 시골을 찾는다. 바로 그게 우리 음식에 매력을 느끼고 한류 바람을 타는 원인이 되기도 한다.

셋째는, 농촌체험과 휴양이다. 농촌의 깨끗한 자연경관과 농촌다움이 보존된 농촌생활을 체험하고 여가를 즐기려고 한다. 이제는 단순체험형 휴양관광에서 벗어나 보다 매력 있고 세분화된 유익한 체험관광상품이 개발되어야 한다. 필자는 제주도 한라산 아래 겨울배추를 경작하는 마을을 방문한 적이 있었다. 부녀회에서 요리한 고사리를 비롯한 산채나물 반찬도 일품이었지만, 마을청년들이 운영하는 승마체험과 사륜오토바이 타기 체험은 잊지 못할 체험프로그램이었다. 눈이 펄펄 내리는 한겨울에도 농촌에서만 만끽할 수 있는 신바람 나는 체험이었다.

이제 농촌상품에 대해 소비자인 고객은 과연 누구이고 고객의 가치는 무엇인가를 다시금 되새겨 볼 필요가 있다. 우리 마을을 찾는 고객의 선호도를 고려해서 아이디어를 개발해야 한다. 도시민들에게 더욱 사랑받는 마을이 되기 위해 고객만족경영에 대한 지혜를 모아야 한다. '고객은 왕이고, 고객의 소리는 항상 옳다'는 금언을 잊지 말자.

4. 농촌마케팅 성공전략

2010년 3월 11일, 처음으로 MBC 방송국을 통해 공중파를 타게 되었다. PD, 작가와 협의도 하고, 연예인처럼 방송국 분장실에서 화장도 받았다. 녹화방송이라고는 해도 스튜디오의 화려한 조명과 여러대의 카메라 앞에서 약 한 시간 동안 강의를 한다는 것은 여간 두려운 일이 아니었다. '큐' 사인이 떨어졌을 때 방청객들은 호응해주고 있었지만, 필자는 마치 외딴 섬에 홀로 서 있는 기분이었다.

다행히 시간이 지나감에 따라 처음의 불안은 점차 사라졌고, 청중들의 웃음 속에서 강의도 자연스러워졌다. 사소한 NG도 없이 강의를 마친 후 내쉬었던 안도의 한숨은 얼마나 달콤하던지……. 농업·농촌에 대한 평상시의 애정을 그대로 전하고자 한 것이 TV 카메라 앞에서도 필자를 기죽지 않게 한 힘이리라! 만약 우리 농업·농촌에 대한 사랑 없이 개인의 명예욕만을 추구했다면, 주변으로부터 진정한 박수갈채도 받지 못했을 것이다.

강의 요지는 5천 년 민족역사의 핏줄에 도도히 흐르는 농심(農心)의 정신을 살려 나가자는 것이었다. 최고의 웰빙 먹을거리인 우리 농산물을 애용하고, 농촌의 자연을 가까이 해 자녀들의 정서를 함양하자는 것이다. 즉 농촌사랑에 앞장서야 삶의 풍요를 누릴 수 있다는 내용이었다. 특히 현대의 치열한 속도전쟁에서 벗어나 느림의 철학으로 슬로푸드, 슬로라이프 그리고 슬로시티의 삶을 영위할 수 있는 보금자리는 바로 농촌이라는 것을 강조하였다.

이번 방송강의를 통해서 필자가 농촌사랑운동에 대해 평소에 생각했던 바를 어떻게 요약해서 중요 메시지로 전달할 것인가에 대해 많은 고민을 했다. 우리가 가지고 있는 농촌가치에 대해 몇 날 며칠을 두고 자랑을 해도 시간이 모자랄 것이다. 그런데 제한된 방송시간에 맞추어 농촌가치의 엑기스만 뽑아 효과적으로 전달하려니 여간 어려운 일이 아니었다.

이번 강의를 하면서, '농촌'을 홍보하는 데 있어서도 일반 제품이나 서비스처럼 효과적인 마케팅 전략이 필요하다는 것을 느꼈다. 아무리 좋은 상품을 가지고 있더라도 제대로 홍보를 하지 못하면 어둠 속에서 연인에게 윙크하는 것과 같다. 이와 같은 금의야행(錦衣夜行)의 어리석음을 피하기 위해 농촌마케팅 성공전략에 대해 몇 가지 열거해 보고자 한다.

우선 자신의 정체성을 한 마디로 표방할 수 있어야 한다. 필자는 '농촌사랑전도사'라는 타이틀로 이미지를 심어 주려고 했다. 마케팅 전문가 세스 고딘은 "자신에 대해 8단어 이하로 묘사할 수 없다면, 당신은 아직 자신의 자리를 갖지 못한 것이다"라고 말하였다. 농촌 역시 그 마을을 대표할 수 있는 특징 있는 브랜드, 기억에 남을 만한 이름이 필요하다.

둘째, 홍보할 키 메시지(Key Message)를 찾아라는 것이다. 필자의 이번 강의는 '우리 것이 좋은 것이여!'라는 콘셉트가 그 바탕이었다. 그리고 강의에서 보다 집중 홍보하고자 했던 농촌의 가치는 우리 농산물 애용, 농촌여행의 가치 그리고 농촌체험의 중요성에 대한 것으로 설정을 했다. 강의를 할 때는 핵심 메시지는 가급적 다섯 개 이내로 하는 것이 좋다고 하는데, 이는 농촌을 홍보할 때도 적용하면 좋을 것이다.

셋째, 이야기를 녹인 마케팅 전략을 펼치는 것이 좋다. 훌륭한 연설은 훌륭한 얘기 들려주기라고도 한다. 이는 홍보에도 마찬가지이다. 사람들은 '이야기'에 쉽게 빠져든다. 감정을 자극하고 호기심을 유발하는 까닭이다. 같은 내용이나 정보라도 이야기를 통해 진달될수록 더욱 효과적으로 상대의 이해를 높이고 공감대를 형성할 수 있다.

넷째, 유머를 접목하라는 것이다. 방송녹화 당일, 담당 PD와 작가는 방청객들이 많이 웃을 수 있는 강의를 해 주기를 신신당부했다. 그렇게 하지 않으면 방송채널이 돌아간다는 것이다. 시청자의 프로그램 외면은 생존문제와도 직결되기 때문에 유머야말로 약방의 감초처럼 소중하다는 것이다. 재미와 즐거움은 인간이 선천적으로 좋아하는 유전인자인 것 같다. 각박한 세상일수록 더욱 그렇다. 열정과 유머는 대중적 홍보에 있어 꼭 필요한 소금과 같은 존재가 되고 있다.

현대는 그야말로 홍보의 시대, 커뮤니케이션의 시대라고 할 수 있다. 마을에서도 방문객의 입소문만을 기대하는 과거의 자세에서 벗어나 보다 다양한 언론매체를 활용한 홍보를 적극적으로 시도하는 것이 필요하다. 특정 상품의 애용 여부는 소비자가 그 상품에 대해 어떤 이미지를 갖느냐에 따라 좌우된다. 농촌 역시 도시민들이 갖는 농촌에 대한 이미지에 따라 열성팬을 거느릴 수도, 안티(Anti)팬을 양성할 수도 있다. 그러므로 농촌에서도 이미지 형성에 큰 영향을 미치는 마케팅의 중요성은 간과할 수 없을 것이다. 혹자는 마케팅을 '제품이 아니라 인식의 싸움'이라고 한다. 마케팅은 곧 정신적인 전투가 행해지는 게임이라고 볼 수 있다.

필자는 30여 년간 농업·농촌과 로맨스를 나누고 있지만, 이 아름다운 농촌가치에 대해 충실한 전도사 역할을 하기가 참으로 어렵다는 것을 느끼고 있다. 훌륭하고 멋진 농촌의 홍보를 숙명적인 과제라고 여기면서, 끊임없이 연구하고 노력해 나가는 것만이 그 답이 될 것이라고 생각한다.

5. 사람을 남겨라

농산물과 체험서비스를 제공하는 농촌마을은 이제 비즈니스 시스템을 갖는 장소의 공간이 되고 있다. 생산의 공간에서 바로 소비자들을 직접 대하면서 거래를 하게 된다. 앞으로 고객 맞이 철학을 어떻게 가지고 이윤을 남길 것인가를 생각해야 한다.

고객은 항상 '가치'를 느껴야만 상품이나 서비스를 지속적으로 구매하게 된다. 농촌을 방문하는 고객은 들인 비용과 시간적 가치에 비해서 정말 여기에 잘 왔고, 재미나는 체험을 하고, 신선하고 품질 좋은 농산물도 사가지고 간다는 마음이 들도록 해야 한다. 그렇게 하기 위해서는 기본적으로 비즈니스는 가슴으로 한다는 자세를 가져야 할 것이다. 이윤도 좋지만 고객의 마음에 다가서는 감성을 지녀야 된다는 것이다.

그렇다. 비즈니스를 잘하는 첫 번째 비결은 바로 '사람'을 얻는 것이다. 사람이 돈보다 귀한 재산이 될 수 있다. 사람만 잡고 있으면 돈은 또 빌 수 있다. 돈을 한 푼 얻었다면 그것으로 그만이지만 사람을 얻었다면 그 사람을 통해서 꾸준히 돈이 들어오기 때문이다. 이병철 삼성의 선대회장께서도 한때 서울에서 사업을 하다가 망했다고 한다. 그 때 대구에서 함께 일한 분들이 그분을 모셔와 다시 재기의 발판을 마련했다고 한다. 그래서 삼성은 '인재제일'을 경영이념으로 세우게 됐다는 얘기다.

조선시대 거상(巨商) 임상옥은 상도(商道)로서 가장 소중한 것은 "장사는 돈을 남기는 것이 아니라 사람을 남기는 것"이라고 하였다. 사람이야말로 장사로 얻을 수 있는 최고의 이윤이라는 것이다. 작은 장사는 이문을 남기기 위해서 하지만, 큰 장사는 결국 사람을 남기기 위해서 한다는 것이다.

최인호 씨가 쓴 「常道(상도)」에서 나오는 다음과 같은 일화 (농민신문 보도, 2010. 10. 15)는 임상옥의 장사철학에 대해 거시적 안목의 중요성을 시사해 주고 있다.

임상옥은 자신에게 돈을 빌려 달라고 찾아온 세 명에게 각각 한 냥씩을 꿔주고 장사를 하여 이문을 만들어 닷새 후에 오라고 했다. 닷새 후, 첫째 사람은 재료를 사서 짚신을 만들어 팔아 다섯 푼의 이문을 남겼고, 둘째 사람은 대나무와 창호지를 사서 종이 연을 만들어 팔았는데 마침 섣달 대목을 맞아 한 냥을 남겼고, 셋째 사람은 종이를 사서 '절간에 들어가 글을 읽어야 하니 비용을 대어 달라'는 글을 의주 부윤(府尹)에게 보낸 후 열 냥을 빌려 왔다. 이를 본 임상옥은 첫째 사람에게는 백 냥, 둘째 사람에게는 이백 냥, 셋째 사람에게는 천 냥을 빌려 주고는 일 년 후에 갚도록 했다. 일 년이 지난 후, 첫째와 둘째 사람은 돈을 갚기 위해 나타났는데 셋째 사람은 소식이 없었다. 셋째 사람은 천 냥으로 인삼 씨를 사다가 태백산에 뿌린 후 이를 수확해 십만 냥의 돈을 가지고 6년 뒤에 나타났다. 이에 대해 임상옥은 첫째 사람은 하루 벌어 하루 먹고 살 장사꾼에 불과하고, 둘째 사람은 때를 볼 줄 아는 상인이나, 셋째 사람은 인내심과 상업의 근본을 아는 거상이 될 자이기에 그렇게 각각 투자했다고 하였다.

이처럼 장사를 하더라도 멀리 볼 줄 알아야 한다. 뚜렷한 신념 속에 당장은 별다른 이득이 보이지 않더라도 진득하게 인내심을 가지고 신의를 지키면 나중에 큰 이득을 얻을 수 있을 것이다. 임상옥의 깨달음이 현대사회에서 귀감이 되고 있다. '장사는 곧 사람이며 사람이 곧 장사'라는 상도는 거상 임상옥 씨가 평생을 통해 지켜나간 금과옥조였다.

진정으로 승리할 줄 아는 사람은 남을 위해 먼저 양보하고, 눈앞의 이익을 과감히 포기할 줄 아는 사람이다. 당장의 이익에만 급급해 내 것만 챙기게 되면 고객은 점점 거리감을 두게 될 것이다. 상대에게 이익을 주어야 나의 사람이 될 수 있다. 사람을 남긴다는 철학을 가진다면 결국 단골 고객이 많아질 것이다. 그게 나중에 보면 나에게 꾸준한 거래로 큰 이익을 가져다 줄 것이다.

우리 마을과 함께하는 도시민들에 대해 장기적으로 함께 나아갈 수 있도록 배려의 비즈니스가 되도록 노력해 나가자. 누이 좋고 매부 좋은 일을 하려면 자신이 조금 손해 본 듯 행동을 하면 된다. 서로에게 이득이 되는 윈윈(Win-Win)전략이야말로 지속적인 거래로 이어질 수 있을 것이다. '물이 깊으면 고기가 저절로 생거난다'는 사마천의 말은 곰곰이 되새겨볼만하다.

6. 108산사순례와 시너지마케팅

농촌사랑홍보대사인 대한불교 조계종 도선사 주지 혜자스님이 주관하는 '108산사순례기도회'는 많은 불교신도들의 단합된 불심(佛心)으로 농촌사랑운동에 큰 공헌활동을 하고 있다.

종교적 행사를 초월하여 다양한 선행활동을 실천하고 있어 사회적 브랜드가치도 높아지고 있다. 이 순례기도회는 가는 곳마다 많은 인기를 끌고 있다.

전국에 소재하는 천년고찰인 108산사 중 매월 한 곳을 찾아 108불공으로 108배 기도를 한다는 취지로 이 행사가 이루어지고 있다. 어려운 농촌을 돕겠다는 의미의 농산물직거래장터 개설에 따른 우리 농산물 구입, 이민여성을 위한 다문화가정 인연 맺기, 군장병들 간식거리를 위한 초코파이 선물, 효행상 시상, 장학금 지급 등을 함께 실시하고 있다. 순례기도회는 3일 동안 실시되는데 5천여 명의 신도들이 신행단체회원으로 하루씩 참여한다.

필자는 2010년 12월 8일, 강원도 동해시 두타산에 위치하고 있는 삼화사에서 거행된 108산사순례기도회에 참석하였다. 이 행사는 2006년 9월부터 실시하여 52회째가 되는 행사였다. 농산물직거래장터 개설 준비를 위해 우리 일행들은 하루 전 삼화사에 도착했다. 삼화사는 오랜 전통문화와 깨끗한 자연환경으로 맑고 향기로운 분위기를 자아내는 동해시 두타산 입구에 자리 잡고 있고 있는 고즈넉한 절이다. 이 절은 천연 세월 동안 왜군들의 방화, 홍수 등 풍상을 이겨내고 부처님의 영험을 간직한 동해의 명찰로 알려져 있다.

해가 질 무렵 이곳에 도착하여 절의 종무소 직원의 안내를 받아 주지이신 원명스님을 접견하게 되었다. 스님께서 직접 보이차를 달여 주면서 한 잔씩 권하셨다. 정갈하고 향기로운 맛에 몇 잔을 더 마시게 되었다. 차를 나누는 동안 스님께서는 이곳 사찰의 유례와 역사에 대해서 설명해 주셨고, 우리들의 질문에도 아주 성실하게 답변해 주셨다. 친근하고 논리적인 말씀 하나하나는 그야말로 정갈하기 그지없었다.

한 시간 남짓 불교의 가르침과 고매하신 스님의 인품에 대해 많이 배우는 기회를 가지게 되었다. 짧은 시간이었지만 많은 감명을 받았다. 자리에서 일어서려고 할 때 스님께서『아름다운 마무리』(법정스님 저) 책을 한 권씩 우리들에게 주셨다. 마음의 수양을 위해서 정진하기 바란다는 의미의 선물이었다. 감사와 은혜로움을 느끼는 순간이었다.

순례기도회가 시작되는 다음 날 아침, 전국에서 순례회원들이 타고 온 버스들의 행렬이 장사진을 이루었다. 3일 동안 120대의 버스가 동원될 정도다. 버스에서 내린 회원들은 군장병들에게 선물로 주기 위해 하나씩 안고 온 초코파이 박스가 임시로 설치한 막사에 산더미 같이 쌓여 있는데 어머니들의 자식에 대해 지극한 정성을 엿볼 수 있는 장면이었다.

드디어 본 기도회가 시작되었는데 추운 날씨에도 일사불란하게 108배하며 불공을 드리는 모습을 보고 경건함을 느꼈다. 부대행사로 외국에서 시집온 지역 이민여성을 위한 다문화가정 인연 맺기가 시작되었다. 캄보디아 출신의 오운츠후니 씨, 베트남 출신인 티흥 씨가 친정엄마 인연 맺기를 하였다. 그들은 한국에 든든한 친정엄마가 한 분씩 더 생긴 셈이다. 앞으로 인간적 교감속에 많은 유대관계가 이루어질 것으로 믿어진다.

신도회원들은 행사를 마치고 돌아가면서 동해 역사 앞에 설치된 농산물직거래장터에서 많은 농·특산물을 구매하였다. 곰취나물, 명이나물, 한과 등은 이 지역의 명산품이기도 하다. 워낙 많은 순례객들이 모여들다 보니까 몇 천만 원어치나 되는 농·특산물이 순식간에 판매되기도 하였다.

이 행사는 종교적 행사이지만 다양한 사회적 공헌활동으로 시너지 효과를 거두고 있다. 시너지(Synergy)란 서로 다른 개체가 힘을 합쳐 그 이상의 힘을 내는 상승효과를 의미한다. 즉 1+1이 2가 아닌 그 이상의 효과를 내는 경우를 말한다. '108산사순례기도회'는 이처럼 다양한 사회공헌활동으로 그 위상이 자꾸만 높아지고 있다. 그게 바로 시너지 효과에서 나오는 힘이다.

마찬가지로 마을에서도 무엇을 하든지 동시에 시너지 효과를 내도록 노력해야 한다. 하나의 체험활동이나 행사를 할 때 우리 마을의 농·특산물을 어떻게 팔까, 또 마을을 어떻게 홍보할까를 생각해 보아야 한다.

그리고 마을브랜드의 공익적 가치를 높이기 위해 다양한 자선과 봉사활동을 시행해 볼 만하다. 독거노인 돕기, 불우이웃돕기, 장학금지급, 환경보호활동 등은 마음만 먹으면 할 수 있는 일들이다. 훌륭한 선행은 여유가 있을 때만 하는 것이 아니다. 뜻을 모으면 된다. 좋은 일을 해서도 의미가 있지만 그게 마을을 효과적으로 알릴 수 있는 공익마케팅이 될 수 있을 것이다.

7. 프로다운 서비스정신

미국 매킨지 회사에서는 '고객'이란 뜻인 "클라이언트(Client)"는 항상 대문자로 표시한다. 만약 대문자로 표시하지 않았을 경우에는 직원들에 대해 문책을 한다고 한다. 우리를 먹여 살리는 '고객'에 대한 존경의 표시라는 것이다.

오늘날 체험마을이 체험, 민박, 농산물 등 마을자원을 중심으로 조그마한 기업처럼 수익사업을 전개하는 형태를 띠게 되었다. 수익사업일수록 고객은 더욱 가치를 따지게 된다. 고객은 주고받음의 거래에서 기분 좋게 얻는 게 많아야 가치가 있다고 생각한다. 가치에는 반드시 서비스 정신이 들어가야 된다. 서비스는 상대방에 대해 관심, 배려, 성의, 친절 등으로 마음을 기울이는 것이다. 서비스가 많으면 많을수록 고객은 감동을 느끼게 된다. 좋은 감정을 가질수록 마을을 다시 방문하는 충성고객으로 이어지게 된다.

일본 도쿄에서 음식점 지배인을 하다가 귀농하여 성공한 마쓰키 씨(49)는 2009년 한 해 동안에 유기농 채소 생산으로 1억 엔(12여억 원)의 매출을 올리는 성공신화를 쓴 농업인이다. 자신의 성공비결은 '농업의 개념은 농업 자체가 30%, 서비스가 70%로 구성된다'는 생각이라고 한다. 농산물 품질도 중요하지만 다양한 소비자의 요구에 부응해야 하는데, 그러기 위해서는 더욱 친절하고 고객에게 다가서는 서비스마인드를 가져야 한다는 것이다.

한비자에 보면 '구맹주산(拘猛酒酸)'이라는 이야기가 나온다.

"개가 사나우면 술이 시어진다"라는 뜻으로 장사가 잘되는 술집도 사나운 개가 술독을 지킴으로써 손님이 줄어든다는 의미이다. 마을자원도 중요하지만 보이지 않는 마을주민들의 마음자세가 더욱 중요하다는 얘기다. 필자는 경기도 연천에 있는 새둥지마을이 처음 체험마을로 출발할 때 마을주민들을 대상으로 강의를 한 적이 있었다. 마을자원보다도 손님들을 맞이하는 태도가 더욱 중요하다며, 그야말로 시골 인심을 제대로 보여주어야 한다고 강조하였다. 늘 밝은 표정으로 친절하게 맞이해야 다시 오고 싶은 마을이 된다는 것이다. 마을 어디서든 방문객을 보면 어떤 주민이라도 먼저 보는 사람이 인사를 하자고 했다. 이렇게 사소한 것부터 실천해 친절을 생활화하자는 의미에서다.

과거에 주로 농산물만 생산하여 판매해 왔던 1차 산업 마인드는 비교적 자기중심적 태도라고 볼 수 있다. 하지만 농촌현장에서 유통·체험관광·서비스 등 3차 산업으로 나아가고 있는 트렌드에서는 적극적이고 개방적인 서비스마인드를 갖고 협동을 통해서만 목적을 달성할 수 있다. 친절과 협동정신이 그 모체가 되어야 탄력적인 힘을 받아 마을이 잘 발전해 나갈 수 있다.

고객을 맞이할 때 '1%의 비밀'을 잘 활용하라는 말이 있다. 이때의 1%란 단순한 변화가 아닌 마법의 숫자라는 것이다. 그 마법은 일관성과 유연성을 함께 지닐 때 이루어진다. 고객을 잘 모시겠다는 일관된 마음으로 1%씩 점진적으로 개선하면 100%까지 다가갈 수 있다. 이처럼 하나하나씩 친절마인드를 보태어 나갈 때 서비스마케팅은 이루어지는 것이다.

손님을 제대로 대접하지 않으면 떠난 뒤에 후회한다는 '부접빈객거후회(不接賓客去後悔)'란 말이 있다. 아무리 좋은 체험관광도 인간적인 신뢰와 따뜻한 호의가 없으면 지속적인 관계가 형성되지 않는다. 마을주민들이 적극적으로 환영하고 친절을 베풀 때 감동을 받아 또다시 재방문하는 충성고객이 될 것이다.

이제 마을이 상품으로 변화됨에 따라 주민들의 삶 속에 고객 중심의 서비스 정신이 스며들어야 한다. 그것이 방문객을 행복하게 해주며 우리 마을을 홍보하는 길이다. 주민들이 어떤 마인드를 갖느냐에 따라 마을 발전의 방향이 달라질 것이다.

8. 이야기가 돈 되는 스토리텔링 시대

사람은 가끔, 마음을 주지만
소는 언제나 전부를 바친다.

이것은 영화 '워낭소리'의 타이틀 메시지다. 마흔 살의 소와 여든이 다 되어 가는 최원균 할아버지가 30여 년간 우정을 함께한 얘기다. 주인공 할아버지는 불편한 다리로 인해 언제나 우마차를 타고 다녔다. 들에 가서 일을 할 때도 마찬가지다. 늙은 소이지만 아무리 힘들어도 할아버지가 어디 가자고 하면 일어선다. 다른 사람들이 일으키면 잘 일어나지 않는다. 역시 할아버지도 소에게 정성을 다한다. 소꼴을 벨 때도 불편한 몸이지만 들판이 아닌 산으로 올라가서 풀을 베어 온다. 들녘의 잡초는 농약이 묻어 있다는 생각에서다. 소에 대한 숭고한 사랑이 있기 때문이다.

이 영화의 제작비는 1억 원 정도로 영화치고는 아주 저렴하게 제작되었다고 한다. 하지만 관객은 무려 250만 명을 육박할 정도로 대박을 터뜨려 화제를 낳았다. 나라의 대통령까지 관람할 정도였다. 필자의 연수원에서도 2008년 여름, 강당에서 교직원 모두가 이 영화를 보았다. 매달 월급에서 조금씩 갹출한 상조금으로 영화필름을 구입하였다.

이처럼 잔잔한 농촌의 스토리가 감동이 되고 돈이 된다는 것이다. 문명화가 될수록 농촌의 향수를 일깨우는 이야기가 부가가치를 높이고 있다.

이야기의 힘은 세다. 아내가 TV 연속극을 볼 때 채널을 돌렸다가는 간 큰 남자로 취급받는 세상이 되고 있다. 그만큼 이야기는 원천적으로 재미와 의미를 함께 준다는 것이다. 감칠맛나는 스토리는 평범한 것도 특별하게 만든다. 인간의 뇌는 중요한 사실에 대한 기억을 '이야기 형태'로 저장하기 때문이다.

이야기는 마력이 있다. 말이 이미지를 만들고 그 이미지는 가치를 높인다. 돌덩이도 '신비한 사연'을 담으면 수백억 원이 된다고 한다. 즉 스토리는 부가가치를 만든다. 미래학자 짐 데이토는 "부자가 되고 싶으면 이제 이야기꾼이 되라"고 충고한다. 부가가치를 창조함에 있어 어떤 제품의 기술력이 평준화되는 단계가 되면, 이때부터는 스토리가 '희소성'을 만들어 내게 된다. 어떤 제품이나 대상이라도 스토리가 가미되면 그 가치가 달라지게 된다.

드라마 '대장금'도 음식에 이야기를 비벼 넣어 한류바람을 불러일으켰다. 같은 치즈라도 오대산 청정목장에서 만들었다고 하면 느낌이 다르다. '족보가 있는 한우고기'가 더 잘 팔린다. 이야기가 소비자 마음을 연결시키는 접착제 역할을 해주기 때문이다. 덴마크 농업인들도 농업의 부가가치를 높이기 위해 이야깃거리를 만든다고 한다. 방목한 암탉이 낳은 달걀이 시장에서 50%를 차지할 정도이다. 양계장 달걀보다 15~20% 비싸더라도 달걀이 생산되는 이야기에 대해 소비자는 기꺼이 비용을 지불하려고 하기 때문이다.

어느 지역이나 고객이 감동할 만한 이야깃거리가 숨어있다. 그 숨어있는 다양한 이야깃거리를 지역의 사람, 장소, 농산물, 음식 등에 잘 버무리면 빛이 난다. 관광을 하더라도 사람들은 좋은 경치를 감상하거나 옛 고적의 지식을 얻으려는 단순한 생각에서 벗어나 그 장소가 지닌 과거의 이야기에 독특한 기억을 갖기 원한다. TV 드라마 '겨울연가'의 이야기에 감동한 시청자는 남이섬을 방문해 영상의 세계에 일어났던 이야기를 현실 공간에서 체험함으로써 감동의 깊이를 오래 간직하려고 한다.

옛날 할머니가 들려주는 구수한 이야기는 무한한 감성과 창의력을 일깨워주기도 한다. 그러나 오늘날 아이의 마음 밭에 꿈을 안겨주던 할머니의 이야기가 사라지고 있는 것이 안타깝다. 할머니 이야기의 소중한 가치에 대해 소설가 박완서 님의 「속삭임」에 잘 나타나 있다.

이야기 선물을 마련해 놓고 아기를 기다리는 할머니의 마음
은 마냥 찬란하기만 합니다. 할머니가 이야기 선물이야말로
으뜸가는 선물이라고 으스대는 데는 그럴 만한 까닭이 있습
니다. 할머니는 오래오래 사는 동안에 터득한 지혜로, 이 세
상의 모든 사물은 아무리 보잘것없는 사물이라도 비밀을 가
지고 있다는 것을 알고 있습니다. …… 할머니는 아기에게
많은 이야기를 해줄 작정입니다. 아기는 커가면서 꿈을 열쇠
삼아 사람과 사물의 비밀을 하나하나 열 수 있을 것입니다.
참답게 살 수 있을 것입니다.

앞으로 이야기가 담고 있는 상상력과 창조성이 더욱 경쟁력
의 핵심이 될 것이다. 감성을 일깨우는 재미나는 이야기는 자
연과 전통을 배경으로 한 농촌환경에서 탄생될 수 있다. 전통
문화를 오롯이 담고 있는 농촌에 대한 이야기는 우리들이 품고
있는 모든 것에 생명력을 불어 넣을 것이다.

농촌은 이야기의 보물창고이다. 전설, 민담, 민화, 구전, 전래
동화 등이 많다. 아이에게는 살아 있는 배움터이다. 이제 농촌
은 아름답고 편리한 공간이 아니라 숨어 있는 이야기를 캐고
활용하여야 한다. 그게 바로 들어온 얘기이고 살아온 얘기이다.
이야기는 도처에 깔려 있다. 옛날에는 ‘이야기자루’라고 했는
데 시간이 흐르면서 그것은 ‘이야기보따리’가 되고 다시 줄어
이제는 ‘이야기 주머니’라고 한다. 자루에서 주머니로 줄어가
고 있다. 안타까운 현실이다.

대대로 내려온 지역의 이야기는 보석의 원석이나 다름없다.
이를 잘 가공해 다듬으면 귀한 보석이 된다. 농촌 방문객의 가
슴을 뭉클하게 흔들어주는 감동의 이야깃거리를 찾아 아름답

게 만들어 가자. 그게 무형의 향토자원이고 문화상품화다. 앞으로 감성사회에서 이야기를 쥐는 자가 세상을 지배할 것이다. 이야기가 돈 되는 스토리텔링 시대를 우리가 먼저 주도해 나가자.

9. 마을해설가의 탄생

2010년 4월, '농어촌마을해설가' 교육과정에 최초로 32명의 마을지도자들이 교육을 수료하였다. 이 과정은 농촌사랑지도자연수원이 2009년 12월 말 '도농교류촉진법'에 의해 국내에서 유일하게 정부로부터 인증을 받아 실시한 전문교육이었다.

교육 참가자들은 농번기임에도 불구하고 3주간의 장기간에 걸쳐 실시한 교육에 한 사람도 낙오 없이 100% 수료할 정도로 배움에 대한 의지와 열정이 대단하였다. 당시 교육과정에서는 마을해설에 대한 체계적 이론뿐만 아니라 효과적 의사소통기법 등 실용적 교육프로그램 습득으로 전문적인 능력을 배양하는 기회를 가졌다. 이론에 대해서는 필기시험도 있어 마을해설가로서 이론무장도 하게 되었다. 앞으로 수료생들은 마을해설가라는 전문가로서 자긍심을 갖고 '녹색관광' 안내자로서 향도역할을 하게 될 것이다.

유럽에서는 '마을해설가'가 전문직 직업군으로 소득이 상당히 높고 자부심도 대단하다는 얘기를 들은 적이 있다. 자연과 전통문화의 가치가 더욱 소중해지고, 배움의 터전이라는 생각으로 농촌마을은 그야말로 '지붕 없는 박물관'으로 인식되고 있다. 마을해설을 통해 농촌이 낙후된 지역이라는 인식을 깨고 문화의 원류, 전통의 본류라는 문화관광의 이미지를 가질 수 있을 것이다. 이제 시대는 바야흐로 마을의 유래와 특징, 전통관습, 역사유적이나 문화재, 그리고 농·특산물을 더욱 의미 있게 설명할 수 있는 농촌문화가치 전파의 르네상스시대를 맞이하고 있다.

마을해설이 농촌관광의 촉매제로서의 역할을 다하기 위해서는 다음과 같은 자세를 가져야 한다고 생각한다.

첫째, 마을해설에 독특성을 가져야 한다. 농촌관광이 어느 곳이나 대동소이하고 천편일률적이라는 말을 듣지 않으려면, 이야기 내용의 차별화를 통해 마을이 서로 다른 농촌관광상품을 부각시켜야 한다. 즉 세상에 하나뿐인 해설을 통해 세상에 하나뿐인 마을을 만들려는 노력이 필요하다. 창조적인 마을스토리텔링 개발에 최선을 다해야 한다는 뜻이다.

둘째, 마을의 특성에 대해 입체적으로 보는 시각을 가져야 한다. 마을의 문화는 나름대로의 개성을 가지고 있다. 마을의 특정한 문화현상을 어떻게 보는가에 따라 그 마을만의 개성을 찾을 수 있다. 그래서 마을을 바라보는 관점도 다양하게 가질 필요가 있다. 어느 한 민속학자는 마을조사를 실시하면서 마을이라는 공간을 세 가지 관점으로 유형화하여 보았다고 한다.

마을 '안에서' 마을을 본다.
마을에 '가서' 마을을 본다.
마을 '밖에서' 마을을 본다.

이처럼 다양한 관점에서 마을을 입체적으로 보면, 마을해설
은 보는 각도에 따라 다르게 나올 수 있다.

셋째, 해설은 단순한 설명이 아니라 자원이 지닌 의미를 연
구하여 이를 쉽게 풀어서 밝힌다는 의미를 지닌다. 문화자원에
대한 훌륭한 해설은 관광객에게 농촌과 농업에 대한 흥미를 불
러일으키고 진실을 깨닫게 할 것이다. 마을해설이 농촌의 소중
한 가치를 더욱 인식시켜 주고, 마을을 찾는 즐거움을 증진시켜
준다면 지속 가능한 농촌관광에 기여할 수 있으리라고 본다.

넷째, 마을방문객들에게 만족감을 주고 자원에 생명력을 불
어 넣는 해설이야말로 농업을 체험하려는 도시민들의 발길을
유도할 수 있는 것이다. 마을해설은 배움과 인식의 과정이다.
이런 집중도를 요구하는 과정에는 반드시 흥밋거리가 담겨져
있어야 만족감을 충족시킬 수 있다.

마을문화가 인류문화의 희망이라고 한다. 지속적이고 인간다
운 삶의 중요성이 커짐에 따라 '농촌마을' 자체에 대한 사회적
관심이 높아져, 앞으로 농촌관광은 끊임없이 증가 추세로 나아
갈 것이다. 점점 부각되고 있는 마을해설의 가치에 대한 소중
함을 깨닫고 자신만의 독창적인 노력으로 갈고 닦아 보석처럼
빛나기를 기대해 본다.

10. 마을경영 스피치

'세상은 사람이 변화를 시키고, 사람은 교육이 변화를 시킨다'고 한다. 이처럼 교육은 세상을 변화시키는 원동력이다. 불황이 계속되고 치열한 경쟁이 상시화될수록 이제 배움은 생존을 위한 필수조건이다. 요즘 사회적 트렌드가 배움을 통해 '더 나은 조직과 자신'이 되기 위한 노력이 눈물겨울 정도다. 학습의 열기는 어느 직업이나 직장을 불문하고 보편화되고 있는 현상이다. 모두가 긴장의 끈을 늦추지 못하고 외부적 환경변화에 대응하느라 여념이 없다.

2010년 2월 20일(토요일), 필자의 연수원에서 농협중앙회 임원 및 간부급직원 80여 명이 경영혁신을 위한 워크숍이 있었다. 주말임에도 미래를 향한 변혁의 시도를 위해 하루 종일 교육과 토론이 진행되었다. 주제별로 지명도가 꽤 높은 연사로 등장한 분들의 강의가 있어 많이 배우는 계기가 되었다.

강의를 들으면서 사람들의 마음을 사로잡는 스피치 기법이 참으로 중요하다는 것을 느꼈다. 아무리 수준 높은 내용이라도 효과적으로 잘 전달하지 못하면 의미가 떨어질 것이다. 물론 이날 강의는 모두 훌륭한 내용으로 재미있게 들었다.

마을에서도 스피치기법의 중요성을 느끼게 된다. 마을공동체를 운영하는 마을지도자들도 때와 상황에 따라 수시로 스피치를 할 경우가 많다. 예전에는 봉이 김선달이 '대동강물을 팔아먹었다'고 하는 것은 우스갯소리처럼 여겨졌다. 이제는 웃을 일이 아니다. 그것은 손에 잡히고 눈으로 볼 수 있는 유형의 제품만 팔

수 있었던 시절의 얘기이다.

지금은 볼 수 없고 만질 수 없는 무형의 제품을 팔아야 하는 시대이다. 마을의 전통문화, 자랑거리 등 얘깃거리에 매력을 느끼는 고객이 늘어나고 있기 때문이다. 이런 무형의 상품을 파는 데는 스피치기법이 필요하다. 마을주민들과 회의를 할 때도 효과적인 스피치가 더욱 빛을 발휘한다.

필자도 많은 강의를 하고 있지만 대중 앞에서 말을 한다는 것은 '고난의 연속'이라고 말하고 싶다. 강의를 할 때마다 새로운 준비와 긴장된 마음을 유지해야 하기 때문이다. 어떤 특정 주제의 강의이든 단순한 스피치이든 나름대로 내용을 정리하고 마음 속으로 디자인하는 절차가 필요하다. 스피치는 '양날의 칼'이기도 하다. 제대로 쓰면 예상을 뛰어넘는 시너지 효과를 발휘하지만 잘못하면 이미지 실추로 이어진다.

말에는 알갱이가 있고 살아 움직인다고 한다. 말에는 예언자적 힘이 있다는 것이다. 말을 하면 그 말이 뇌에 박히고, 뇌는 척수를 지배하며, 척수는 사람의 행동을 지배한다고 한다. 심지어 식물도 '사랑한다'고 말하면서 쓰다듬으면 놀라운 성장을 보인다고 한다. 그래서 말의 힘은 대단하다는 것이다. 효과적인 말을 위해서는 끊임없이 노력해야 한다.

그동안 필자가 경험하고 느낀 것을 토대로 스피치 기법에 대해 정리해 보면 이렇다.

우선 누구에게 이야기를 하느냐가 중요하다. 청중이 공감할 수 있는 내용으로 마음에 와 닿는 얘기를 해주어야 하기 때문이다. 청중은 '저건 내 얘기가 될 수 있어!'라고 느낄 때 가장 감동할수 있게 된다. 예수도 가르침을 행할 때 상대방의 지적 수준에 따라서 언어스타일을 달리했다고 한다. 용어 선택도 적절하게 해야 한다. 같은 메시지라도 어떤 단어를 담느냐에 따라 '번갯불'과 '반딧불'처럼 어감에 큰 차이가 난다.

두 번째, 끊임없이 콘텐츠를 개발해 나가야 한다. 스피치는 핵심 메시지의 싸움이라고 한다. 흥미진진한 이야기와 일관된 메시지가 던져질 때 감동으로 느끼게 될 것이다. 평소에 독서, 신문 그리고 관찰력을 통한 꼼꼼한 준비가 필요하다. 나만의 이야기 주머니를 만들어 두어야 한다. 탁월한 연설 실력을 가진 미국의 힐러리 여사도 정곡을 찌르는 연설을 위해 늘 수첩에 인용문, 속담, 격언, 성경 구절 등을 빼곡히 적어둔다고 한다. 상황에 따라 손에 잡히는 명확한 단어가 필요하기 때문이다.

세 번째, 말을 전달하는 스피치 요령이 중요하다. '무엇을 이야기하느냐'보다 '어떻게 이야기하느냐'가 더 중요하다. 사실을 감정으로 잘 포장해야 한다. 김치처럼 맛있게 잘 버무려야 한다. 때로는 유머도 필요하다. 유머는 '정신적 비아그라'라고 한다. 스피치는 마치 관광버스를 몰고 간다는 기분으로 목적지를 향하여 재미와 가치있는 정보를 제공하면서 이끌어 가야한다. 흥을 돋워야 듣는 사람도 재미가 있다. 정해진 길을 가되 물도 마시면서 휴식도 취해야 한다.

네 번째, 준비하는 자세가 대단히 중요하다. 영국의 처칠 수

상도 처음에는 말을 더듬는 언어 장애자였다고 한다. 하지만 부단한 준비와 연습으로 세계적인 명연설가가 되었다. 스피치는 짧을수록 더 어렵다. 20분 정도의 스피치는 두 시간 가량 준비가 필요한 반면에, 5분간의 스피치는 하룻밤의 준비가 필요하다고 한다. 가급적 스피치가 간결할수록 좋다. 건배사를 시키면 대회사를 할 정도로 말이 길 때가 있다. 민망스럽다. 잔을 들고 있는 사람들은 팔이 떨어질 지경인데 아랑곳하지 않는다.

다섯 번째, 대중은 가르치려 드는 사람을 싫어한다. 가르치려고 하는 순간 반감을 가진다. '지가 뭔데……' 하는 심리가 생긴다. 그저 마을을 방문한 사람들이라면 마을에 관한 것을 사실대로 압축하여 재미있게 전달하면 된다. 아주 생생하고 구체적으로 전달하면 더욱 좋다. 마을 주민들에게 스피치를 할 경우에도 추진하고자 하는 공동체 목적 사업에 대해 잘 설득하고 동기를 부여하면 된다. 미래 스토리는 긍정적인 어조가 되어야한다. 현재 상태와 충분히 연결시켜 주민들이 있음직한 것으로 생각하도록 만들어야 한다.

정보가 넘치는 사회일수록 스피치 기법은 더욱 중요하다. 대중이나 개인에게 말을 할 때 '어떻게 잘할까'라는 준비가 필요하다. 마을경영을 하는 데 있어서도 스피치를 잘하는 리더가 더욱 효과적인 경영을 할 수 있다. 리더는 의미를 만드는 사람이다. 그 의미는 훌륭한 스피치로 가치를 발휘해 나갈 수 있다. 좋은 스피치는 노력의 결과이다. 마을 공동체의 효율적인 경영을 위해 끊임없이 아름다운 설득의 메시지를 디자인해 나가자.

11. 미래를 여는 장소마케팅

인간에게 삶의 공간은 소중하다. 하버드 대학의 심리학자 대니얼 길버트는 「행복에 걸려 비틀거리다」에서 "우리들 대부분은 살면서 최소한 세 번의 중요한 결정을 내린다"고 한다. 즉 "어디에 살 것인가, 무엇을 할 것인가, 누구와 함께할 것인가"라는 질문이다. 그는 "어디에 살 것인가"에 대한 물음을 첫 번째에 놓았다. 그만큼 우리를 행복하게 만드는 데 중요한 역할을 하는 것이 바로 장소이기 때문이다.

이는 우리 인생에서 어떤 직업을 가질 것인가? 누구와 결혼을 해야 할 것인가? 어떻게 돈을 벌 것인가? 모두 중요한 선택들이지만, '어디에서 살 것인가'만큼 중요한 것이 없다는 얘기로 해석할 수 있다. 물론 사람마다 주거에 대한 가치관이 다르겠지만 삶의 공간은 행복과 연관성이 높다고 할 수 있다. 자신이 사는 장소는 행복에 영향을 미치는 주요한 요인이 된다.

농촌은 행복을 창조하는 삶의 공간이다. 농촌은 마음의 고향이고 평화의 안식처이다. 아름다운 자연환경에서 기쁨을 얻고 깨끗한 공기에서 만족을 찾는 곳이 농촌이다. 흙은 언제나 신비의 새싹을 돋게 해 인간에게 희망을 가져다준다. 넉넉한 인심으로 이웃에게서는 행복의 에너지를 얻는 곳이기도 하다. 농촌에 대한 예찬은 열거만 해도 무수히 많을 것이다.

필자는 가끔 노래방에 갈 때마다 '흙에 살리라'를 즐겨 부른
다. 향수적이고 목가적인 농촌분위기에 젖어 마음의 행복을 얻
을 수 있기 때문이다. 마치 어머니의 품 안처럼 따뜻한 감성을
충전하는 기분이다. 이처럼 감성지수를 더욱 높여 주는 곳이 농
촌이다. 우리 삶의 질과 농촌의 상품가치를 높여 주는 '감성 파
워'는 현대문명이 눈부신 발전을 해 갈수록 소중성을 더해 갈
것이다. 감성 파워를 창조하는 농촌공간은 그래서 중요하다는
얘기다.

이제 우리는 도도히 흐르는 도농교류시대의 물결을 맞아 상
품화되는 농촌을 더욱 매력적인 마을로 만들어 가야 한다. 결
국 마을의 매력은 고유한 자연환경 속에 각 마을만이 갖고 있
는 특성을 어떻게 살려 나가느냐이다. 좀 더 개성 있게 특화되
는 마을을 만들어야 한다. 어떤 콘셉트와 이미지를 살려 나가
느냐가 중요하다. 그게 바로 '장소마케팅'을 잘하는 마을이다.
장소마케팅은 곧 마을을 널리 알리고 홍보를 해서 많은 방문객
이 찾아들게 하는 것이다. 장소미게팅은 '장소'에 특성을 두는
마케팅전략이어야 한다. 즉 장소마케팅은 '장소성(Place Identity)'
즉 어떻게 하면 장소의 특성을 살려 부각시키느냐이다. 장소에
특성을 두는 장소성은 앞으로 부(富)의 가치창조로서 더욱 중요
성을 더해 갈 것이다. 미래학자 엘빈 토플러도 미래는 장소공
간을 어떻게 가치를 높이느냐에 따라 지역경제발전의 관건이
된다고 했다.

2010년 말 크리스마스 시즌 무렵, 농촌봉사활동을 하러 전국 각지에서 온 대학생들에게 특강을 하기 위해 전북 남원 달오름 마을을 방문한 적이 있었다. 이 마을은 '달오름'이란 브랜드로 특화해서 마을마케팅을 잘하고 있는 유명마을이다. '달오름'이란 아늑한 시골 밤하늘을 연상토록 하며 둥근달처럼 마음의 소원을 담아 뜻을 이루는 의미를 담고 있다. 아주 서정적이고 정겨운 농촌체험 마을이름이라고 할 수 있다.

지리산 둘레길 코스에 해당되는 마을이기도 하지만 이미 '달오름'이란 브랜드로 널리 알려져 요즘 많은 방문객들로 인해 손님맞이에 분주하기 짝이 없다고 한다. '달오름'이란 브랜드에 손색이 가지 않도록 주민들은 진정한 서비스정신을 갖고서 다양한 체험거리를 접목해 나가느라 많은 땀을 흘리고 있다.

이 마을에서는 '달오름'이란 브랜드를 특화하기 위해, '달오름 명상수련원'을 운영하고, '달오름 다도(茶道)체험', '달오름 기체조'도 실시한다. 흥부골 자연휴양림으로 오르는 아기자기한 '달오름 산책로'는 산을 좋아하는 동호인들에게 많은 사랑을 받고 있다.

'달오름 음식' 중에서 비빔밥은 밥그릇 대신 바가지에 밥을 담아주는데 이는 옛 정취를 물씬 느끼게 한다. 아주 이색적인 식사체험이다. 마을 체험관에는 '달오름장터'를 운영하는데 전통된장과 간장, 고사리, 산채나물, 예쁜 공예품 등을 전시하여 판매하기도 한다. 그야말로 '달오름' 일색으로 그 브랜드 가치를 높여 나가고 있다. 이게 바로 미래를 지향하는 마을의 전략적 장소마케팅인 것이다.

앞으로 감성지향적인 사회가 되어 갈수록 농촌의 '장소'라는 삶의 공간은 더욱 자긍심과 애착을 가지고 기쁨을 느낄 수 있는 곳이어야 한다. 마을이 더욱 매력적인 방문지가 되도록 주민들의 지혜를 접목시켜 나가야 한다. 아이디어는 다양할 수 있다. '장소'라는 공간은 어떤 각도에서 보느냐에 따라 그 가치가 천차만별일 수도 있다. 마을의 이미지를 어떻게 부각시킬 것인가를 끊임없이 고민해 보자.

결국 마케팅은 핵심적인 메시지로 널리 알리고 홍보를 잘하는 수밖에 없다. 매스컴, 인적 네트워크, 사이버공간 등을 통해서 여러 가지 홍보 전략을 세워야 한다. 우리 마을만의 색깔을 갖자. 미래는 예측하는 것이 아니라 만들어 가는 것이다. 미래지향적이고 역동적인 장소마케팅이 되도록 새로운 시나리오를 만들어가자. 그것이 아름다운 미래를 열어가는 훌륭한 방안이 될 것이다.

　'사랑'과 '열정'의 마음을 글로써 표현한다는 것이 참으로 힘든 줄은 알았지만 농촌에 희망의 메시지를 전달하겠다는 생각이 에너지가 되어 여기까지 왔다. 심지어 2년 전 병원 입원실에 누워서도 아픈 곳을 움켜잡고 '농촌사랑'에 심취되어 펜을 잡고 글을 썼었는데, 이제 그 간절함이 뜻을 이루게 되었다. 정말 감개무량하다.

　가끔 논두렁 밭두렁 길을 걸으면서 이 신선한 세상의 아름다움을 멀리하고서는 인간의 행복을 논할 수 없다는 생각에 이끌려 '농촌예찬'이라는 주제에 매달리게 되었다. 그 덕분에 강의를 할 수 있는 기회도 얻고 글도 쓰게 되었다. 그간 KBS 방송국, MBC 방송국을 비롯한 다수의 방송출연, 이곳 저곳에서 수백명이 모인 자리에서의 강연 그리고 다양한 언론기고 등의 밑바탕에는 '농촌사랑'이라는 에너지가 깔려있었기 때문에 가능하였다. 이 시대에 '농촌사랑'이란 키워드가 탄생된 것에 무한한 감사를 드리고 싶다.

　우리의 농촌 공간에는 너무도 소중한 것들이 많이 담겨 있다. 「대지」로 노벨문학상을 받는 펄벅 여사는 「살아 있는 갈대」에서 우리나라를 '고상한 사람들이 사는 보석 같은 나라'라고 일 컬었다. 끈질긴 생명력이 강한 사람들이 사는 아름다운 나라라 는 의미다. 강대국의 틈바구니에서 우리의 문화와 언어를 반만 년 동안 끈질기게 지켜냈기 때문에 받은 찬사일 것이다. 이제 우리는 아름답고 행복한 세상을 만들기 위해 농촌의 가치를 발 굴하고 창조하는 데 앞장서야 한다.

'마을 공간'을 구심점으로 진정한 삶의 가치를 높여 나가야 한다. 문명이 첨단으로 치닫는 시대적 흐름에서 농촌은 정말 보석 같은 존재이다. 멋진 무지갯빛 색깔이 빛나는 농촌마을을 만들어 가자. 한 사람의 꿈은 몽상일 수 있지만 우리 모두가 꿈 을 꾸면 현실이 된다.

현실이 아무리 어렵더라도 실망하거나 포기할 필요는 없다. 언제나 해결할 방법은 있다고 생각하고 희망의 끈을 놓지 말아 야 한다. 항상 최선을 다하고 하늘의 뜻을 기다리자. 긍정의 태 도와 끊임없는 노력은 언젠가 미래를 밝혀줄 것이다.

몽골제국을 건설한 징기스칸은 "한 사람의 꿈은 몽상일 수 있지만 우리 모두가 꿈을 꾸면 현실이 된다"고 히였다. 우리 모 두 아름다운 꿈을 갖고 나아가자.

농촌마을의 행복을 위해 이 한 권의 책이 밑거름이 되기를 간절히 기원해 마지않는다. 그리고 이 책이 발간될 수 있도록 도와주신 모든 분들에게 거듭 진심으로 감사의 인사를 드린다.

2011년 7월

박영일

박영일 박사

성균관대학교 회계학과를 졸업하였으며, 상명대학교에서 경영학박사 학위를 취득하였다.
30여 년간 농협중앙회에서 근무하면서 농촌사랑추진단장, 농촌사랑지도자연수원 부원장
으로 재직하였다. 현재 (사)농촌사랑범국민운동본부 사무국장으로 근무하고 있다.

농업·농촌에 대한 남다른 애정으로 논두렁, 밭두렁 길을 걸으면서 농업인들과 대화 나누기를
좋아하며, 특히 '박영일의 농촌예찬'이란 타이틀로 사이버 공간 (blog.naver.com/pyi53)에서 글
을 쓰고 있다.

그동안 '마을개발전략', '귀농 성공전략', '행복한 삶', '프로만이 생존할 수 있다' 등의
주제로 KBS 방송국, MBC 방송국에 다수·강의 출연하였으며, 농협, 사회단체, 정부기관,
대학교 등에서 다양한 주제로 많은 강의를 해 오고 있다.

저서로는 「인생, 뜨겁게 KISS하라」가 있다.

Rainbow Village

무지개를 띄우는
행복마을

초판인쇄 | 2011년 7월 4일
초판발행 | 2011년 7월 4일

지 은 이 | 박영일
펴 낸 이 | 채종준
펴 낸 곳 | 한국학술정보㈜
주   소 | 경기도 파주시 교하읍 문발리 파주출판문화정보산업단지 513-5
전   화 | 031) 908-3181(대표)
팩   스 | 031) 908-3189
홈페이지 | http://ebook.kstudy.com
E-mail | 출판사업부 publish@kstudy.com
등   록 | 제일산-115호(2000. 6. 19)

ISBN   978-89-268-2318-7 13330 (Paper Book)
        978-89-268-2319-4 18330 (e-Book)

이담Books 는 한국학술정보(주)의 지식실용서 브랜드입니다.